火灾事故调查研究

高　霄　王小帅　李　响　著

中国原子能出版社

图书在版编目(CIP)数据

火灾事故调查研究/高霄,王小帅,李响著. -- 北京:中国原子能出版社,2023.6

ISBN 978-7-5221-2784-2

Ⅰ. ①火... Ⅱ. ①高...②王...③李... Ⅲ. ①火灾事故—调查—研究 Ⅳ. ①X928.7

中国国家版本馆 CIP 数据核字(2023)第 117980 号

火灾事故调查研究

出版发行 中国原子能出版社(北京市海淀区阜成路 43 号 100048)
责任编辑 王 蕾
责任印制 赵 明
印　　刷 北京九州迅驰传媒文化有限公司
经　　销 全国新华书店
开　　本 787mm×1092mm 1/16
印　　张 14
字　　数 237 千字
版　　次 2024 年 1 月第 1 版 2024 年 1 月第 1 次印刷
书　　号 ISBN 978-7-5221-2784-2 **定　　价** **68.00 元**

前言

当前，随着我国经济的不断发展，新技术、新材料、新设备、新能源得到了广泛应用，而用火、用电、用气量也在不断加大，这导致火灾次数、人员伤亡和经济损失逐年上升，火灾形势十分严峻。火灾事故原因日趋复杂、调查难度相应增大，同时火灾事故调查结论关系到受灾当事人的法律责任和切身利益，工作稍有差池，就有可能引发矛盾纠纷及不良后果。因此，各级领导和社会各界越来越关注火灾事故调查工作，对火灾事故调查，工作的要求也越来越高。为了顺应时代的需要，火灾事故调查人员必须要增强责任感和紧迫感，明确职责、任务，不断加强火灾事故调查业务学习，精益求精地开展工作，确保调查结论经得起科学、历史和法律的检验。面对新形势、新使命、新要求，必须大力发展火灾调查技术方法，不断提升专业水平和科技含量，推动火灾调查工作朝高质量、创新方向发展。

火灾事故调查不仅是查明火灾原因、追究事故责任的需要，也是一项消防基础工作。通过查找火灾背后的深层次原因，总结分析火灾暴露出的问题和教训，改进和完善防火、灭火工作相关方法、措施，乃至政策、法规。本书从火灾危害和火灾调查的意义出发，论述了火灾事故调查的必要性，从火灾事故调查的程序以及调查流程等内容展开，重点就火灾现场勘验、火灾现场痕迹、火灾事故调查分析与认定等技术进行了一一阐述，最后对火灾事故的处理做了探讨，本书对火灾调查工作具有很强的指导意义。可作为火灾调查人员以及相关火灾科学研究人员的参考用书。

在编写本书的过程中，笔者查阅和借鉴了大量的相关资料，在此向其作者表示诚挚的感谢。此外，本书在编写的过程中，也得到了相关专家和同行的支持与帮助，在此一并致谢。由于作者水平有限，加之时间仓促，书中难免出现纰漏，敬请广大读者批评指正。

目录

第一章　火灾与火灾调查

第一节　火灾及其危害性

一、火灾特性及类型

（一）火灾的特性

火灾作为一种失去控制、造成灾害性损失的燃烧现象，其同时具有确定性、成长性、随机性、多变性等特性。

1. 确定性和成长性

可燃物着火引起火灾必须具备一定的条件，火灾的发展和蔓延也相应遵循一定的规律，这是火灾特性中确定性的一面。

火灾的发生必须同时具备三大要素，即可燃物、助燃物（一般指氧气）和点火源，这三者构成了“燃烧三角形”。只有这三个要素都具备且发生相互作用时，燃烧才会发生并持续进行。缺少任何一个要素，燃烧都不可能发生。

火灾的成长性是指在不受外力干扰下，火灾具有不断发展变化与蔓延扩大的特性。火灾发生时，如果没有破坏火灾三要素的因素出现，火灾将持续发展，其过火面积随燃烧时间的增加而扩大。从火灾发展和蔓延的特点来看，火灾初期是扑救和逃生的最佳时机，此时更容易有效控制火势，减少损失。

2. 随机性和多变性

火灾的发生不受时间和空间的限制，火灾的随机性使得任何时间、任何地点都可能会发生火灾，火灾的发生往往很难预测。

引起火灾的原因多种多样，火灾的形成和发展过程虽然遵循一定的规律，但每次火灾的发生原因、发展情况却不相同，体现出火灾的多变性。火灾的发生、发展及蔓延特性受到可燃物特性、建筑的结构和布局、消防设施以及火源、天气、地形等众多因素的影响。同时人们的生活习惯、文化修养、操作技能、教育程度、安全知识等社会因素对火灾的发生、火灾初期的处置以及人员的火场逃生效果等也都会产生影响。

（二）火灾的分类

根据不同的分类标准，可以将火灾分为不同的类型，常见的火灾分类方式包括以下几种。

1. 根据可燃物的类型和燃烧特性划分

国家标准《火灾分类》GB/T 4968—2008 中明确规定，根据可燃物的类型和燃烧特性，火灾可划分为 A、B、C、D、E、F 六大类。

A 类火灾：指固体物质火灾，这种物质往往具有有机物质性质，一般在燃烧时产生灼热的余烬，如木材、棉、毛、麻、纸张等火灾，在我们日常生活中发生的火灾大部分属于 A 类火灾。

B 类火灾：指液体火灾和可熔化固体物质的火灾，如汽油、煤油、原油、甲醇、乙醇、沥青和石蜡等火灾。

C 类火灾：指气体火灾，如煤气、天然气、甲烷、乙烷、丙烷、氢气等火灾。

D 类火灾：指金属火灾，如钾、钠、镁、铝镁合金等火灾。

E 类火灾：指带电火灾，即物体带电燃烧的火灾。

F 类火灾：指烹饪器具内的烹饪物火灾，如动植物油脂火灾。

2. 根据起火场所划分

火灾根据发生场合不同，主要可以分为建筑火灾、交通工具火灾、森林火灾、工矿火灾等类型。其中由于各类建筑物是人们生产生活的主要场所，也是财富高度集中的场所，所以在各类火灾中，建筑火灾对人们的危害最严重、最直接。

3. 根据火灾损失划分

火灾会对社会造成巨大的损失。其造成的损失包括直接和间接的财产损失、人员伤亡损失、扑救消防费用、保险管理费以及投入的火灾防护工程费用等。根据火灾损失的不同，火灾可以分为多个等级。

（1）特别重大火灾

特别重大火灾指造成30人以上死亡，或者100人以上重伤，或者1亿元以上直接财产损失的火灾。

（2）重大火灾

重大火灾指造成10人以上30人以下死亡，或者50人以上100人以下重伤，或者5 000万元以上1亿元以下直接财产损失的火灾。

（3）较大火灾

较大火灾指造成3人以上10人以下死亡，或者10人以上50人以下重伤，或者1 000万元以上5 000万元以下直接财产损失的火灾。

（4）一般火灾

一般火灾指造成3人以下死亡，或者10人以下重伤，或者1 000万元以下直接财产损失的火灾。

二、燃烧现象与火蔓延规律

（一）可燃气体燃烧与火蔓延

可燃气体泄漏到空气中，与空气混合会形成预混气体。一旦预混气体着火燃烧，就会使可燃预混气体爆炸或形成快速火蔓延，从而使火灾规模扩大，火灾危害加重。因此，研究可燃气体火蔓延问题具有十分重要的意义。

对于可燃气体火灾，预混气体的火焰传播特性对其燃烧过程有显著影响。从特性上看，预混气体中的火焰传播可分为层流火焰传播、湍流火焰传播和爆轰。

1. 层流火焰传播

处于层流状态的火焰因预混气体流速不高没有扰动，所以火焰表面光滑，燃烧状态平稳。火焰通过热传导和分子扩散把热量和活化中心（自由基）供给邻近的尚未燃烧的预混气体薄层，使火焰传播下去。

2. 湍流火焰传播

当预混气体流速较高或流通截面较大、流量增大时，流体中将产生大大小小数量极多作无规则的旋转和移动的流体涡团。在流体流动过程中，流体涡团穿过流线并前后和上下扰动。火焰长度缩短，焰锋变宽，并有明显的噪声，焰锋不再是光滑的表面，而是抖动的粗糙表面。

与层流火焰不同，湍流火焰面的热量和活性中心（自由基）未向未燃预混气体输送，而是靠流体的涡团运动来激发和强化，受流体运动状态所支配。同层流燃烧相比，湍流燃烧要更为激烈，火焰传播速度要大得多。此外，湍流燃烧产物内氧化亚氮（NO）含量少，对环境的污染较小。

3. 爆轰

预混气体的燃烧有可能发生爆轰，爆轰（detonation）又称爆震，它是一个伴有大量能量释放的化学反应传输过程，反应区前沿为以超声速运动的激波称为爆轰波。发生爆轰时，火焰传播速度非常快，一般超过音速，产生的压力也非常大，对设备的破坏非常严重。能够发生爆轰的系统可以是气相、液相、固相或气—液、气—固和液—固等混合相组成的系统。

对于气相爆轰，在同一压力下，若预混气体的初始温度升高，密度减小，则爆速减小；而在同一温度下，若压力升高，密度增大，则爆速增大。在气体混合物中掺入氮气或惰性气体，会使爆速和爆轰压降低。对于预混气体，在一定的浓度范围内才能发生爆轰。在此浓度范围外，同样的条件不能引起爆轰。

（二）可燃液体的火蔓延

1. 油池（油罐）火灾火蔓延

当液体燃料容器附近有热源或火源时，在辐射和对流的影响下，液体表面被加热，导致蒸发加快，液面上方的燃料蒸气增加。当其与周围的空气形成一定浓度的可燃混合气，并达到着火温度时，可以发生燃烧。这种在可燃液体表面发生的液面燃烧是可燃液体燃烧的主要形式。由于液体容易燃烧，一旦着火，火焰会迅速蔓延至整个液面。在火灾研究中，这种燃烧一般称为池火。

描述油池（油罐）火灾最重要的特征参数是液面下降速度，即单位时间里油品燃料的消耗量。大量的实验结果表明，液面下降速度与容器直径有关。

火中油池液面的下降速度应当等于火焰向液体传入热量引起液体蒸发而导致液面下降的速度，从火焰传入液体的热量主要包括以下几种：①从容器器壁向液体的传热。②液面上方高温气体向液体的对流传热。③火焰及高温气体向液体的辐射传热等。

传入液体的热量起到两种作用：使液体的温度升高和使液体蒸发。

液面上方液体蒸气的扩散速度决定了燃烧速度，这种燃烧的形式为扩散火焰。在油池火灾中，蒸发过程是火灾蔓延的控制过程。要控制蒸发过程，必须控制液体与外界环境的换热过程。因此，采用泡沫灭火剂在液面上生成一层泡沫层，在减少向液体的传入热量的同时能阻止液体的蒸发，这是一种扑救油池火灾的有效方法。

对于油池火灾，要避免扬沸现象的发生。扬沸现象即油池底部的水过热暴沸使燃烧着的油向空中飞溅。一般飞溅的油滴在飞溅过程中和散落后将继续燃烧，造成火灾的迅速扩大。研究表明，飞溅高度和散落面积与油层厚度、油池直径等有关，一般散落面积的直径（D）与油池直径（d）之比均在10以上，即D/d＞10。由于扬沸带出的燃油原来呈池火燃烧状态，喷出之后呈液滴燃烧状态，改善了燃烧条件，燃烧强度大大提高，危险性随之增加。如果油池周围还有其他可燃物，这些可燃物将被点燃；如果油池周围还有从事灭火工作的人员和设备，必然造成更大的伤亡和损失。

2. 油面火灾火蔓延

油面火灾是指在大面积水面上的一层较薄的浮油燃烧时引起的火灾。油面火灾与油池火灾的区别在于：油面火灾是一个不断扩大的过程。一旦着火，很快就在整个油面上形成火焰。由于燃烧情况不同，蔓延规律也不同，描述该过程的参数也不相同。

在静止环境中，油的初温对火焰蔓延速度有显著影响。开始时油面火蔓延速度随着初温的升高而变大；当初温达到某个值之后，油面火蔓延速度趋于某个常数。

当油的初温低于闪点温度时，液面上的燃烧形式以扩散火焰为主。要维持燃烧，需要保证液体具有一定的蒸发速度，即火焰必须向火焰面前方的液体传送足够的热量，使该部分的液体升温。这样，在火焰面前方的液体与火焰面正下方的液体之间就产生了温度差，温度差形成表面张力差，在表面张力差的作用下，便产生了表面流，使得温度较高的液体不断流向火焰面的前方以保证液体的蒸发速度与火焰蔓延速度的平衡。

在逆风条件下，液体的初温对火蔓延速度有显著影响。顺风条件下，液体的初温几乎对火蔓延速度没有影响，火蔓延速度主要受风速的影响。这主要是因为火焰在风的作用下，倾斜角增大，强化了火焰对液面的辐射传热和对流传热。顺风时，火焰向未燃烧的油面方向倾斜，所以作用显著，甚至具有主导作用；逆风时，火焰向已燃烧的区域倾斜，起不到强化作用，效果不明显。因此，在灭油面火时，最好采用逆向灭火方式。

油面火常用来清除泄漏在海面上的石油，虽然这与防止火灾蔓延的目的不一样，但蔓延规律是相同的。由于长时间燃烧，油层下面的水温升高到沸点之后，水的沸腾导致石油飞溅，促进了从油层向水层的传热，反而使得油面火灾容易熄灭，这点与油池火灾完全不同。此外，因为这时的油层薄、面积大，一般不会产生油池火灾中的扬沸现象。

在油面火灾中，由于油与水的互相掺混，再加上液面的波动，可能产生油的乳化现象。乳化的程度不同，对火蔓延速度的影响也不同。并且，油面火的乳化作用（微爆燃烧）与在燃烧器中燃烧的作用不同，没有促进燃烧的作用。

3. 含油的固面火灾火蔓延

当可燃液体泄漏到地面，如土壤、沙滩上，地面就成了含有可燃物的固体表面，一旦着火燃烧就形成了含油的固面火灾。

含油的固面火灾的蔓延首先与可燃液体的闪点有关，当液体初温较高，尤其是大于闪点时，含油的固面火灾的蔓延速度较快。随着风速增大，含可燃液体的固面火灾的蔓延速度减小，当风速增加到某一值之后，蔓延速度急剧下降，甚至火焰熄灭。

地面沙粒的直径也影响含油的固面火灾的蔓延。实验表明，随着粒径的增大，火灾蔓延速度不断减小。此外，含油的固面火灾的蔓延特性也与地面的温度、形状、倾斜角度和地面土质材料的热物理性能及火焰的蔓延方向等有关。

4. 液雾火灾火蔓延

当燃油容器或输油管道破裂时，燃油就从容器内或管道内喷出而形成油雾。此时一旦着火燃烧，就会形成油雾中的火灾蔓延。油雾的燃烧在动力装置（例如喷气发动机燃烧室、内燃机气缸、油炉等）中的应用很广泛。

燃油容器破裂或输油管道破裂所形成的喷雾条件一般较差，雾化质量不高，产生的液滴直径较大。而且液滴所处的环境温度为室温，所以液滴蒸发速度较小，着火燃烧后多形成滴群扩散火焰。

为了说明滴群扩散燃烧的基本特点，可将滴群扩散燃烧简化成模型，即一个个初始滴径均匀，液滴与气流之间没有相对运动的一维液雾火焰。

尽管初始的气流温度不高，但只要比液滴温度高，就要考虑其对液雾的预热作用。高温燃气一侧对液雾也有预热作用，能够形成滴群的预蒸发区。液体本身的蒸发特性、环境温度等因素对预蒸发区有很大影响。如果温度高于某个值，可能出现液体蒸气与空气混合气的着火，形成预混火焰；然后液滴又着火，形成扩散火焰。条件不同，燃烧机理不同，燃烧形式也就不同。如果不能形成预混火焰，便只有滴群扩散燃烧的情况。此时，虽然没有预混燃烧，但蒸发对气相流动仍是有影响的。

油雾火灾中，除了油品本身的性质（分子量、挥发性等）和环境温度（或预热温度）外，液滴的平均粒径和液滴间距也会影响油雾火灾的蔓延速度。例如四氢化萘液雾的火焰传播，当液滴直径小于 10μm 时，火焰呈蓝色连续表面，传播速度与液体蒸气和空气的预混气体燃烧速度相类似；当液滴直径在 10～40 时，火焰既有蓝色连续火焰面，还夹杂着白色和黄色的发光亮点，火焰区呈团块状，表明存在着单个液滴燃烧形成的扩散火焰；当液滴直径大于 40 时，火焰已不形成连续表面，而是从一颗液滴传到另一颗。

（三）可燃固体的火蔓延

1. 可燃固体的起火

相对于气体可燃物和液体可燃物而言，固体可燃物的燃烧过程比较复杂，其火灾蔓延过程也比较复杂。可燃固体在起火之前，通常因受热发生热解、汽化反应，释放出可燃性气体（H_2O、CO_2、C_2H_6、C_2H_4、CH_4 焦油、CO、H_2 等）。

（1）木材的热解、汽化

木材从受热到燃烧的一般过程是：在外部热源的持续作用下，先蒸发水分，随后发生热解、汽化反应析出可燃性气体，当热分解产生的可燃物与一定比例的空气混合并达到着火温度时，木材开始燃烧。燃烧过程中放出的热量一方面加速木材的分解，另一方面提供维持燃烧所需的能量。

木材的点燃有用明火点燃和在高温下发火自燃两种形式。一般木材的点燃温度为 200℃～290℃，自燃温度为 250℃～350℃其燃烧的最高温度为 800℃～1 300℃。

在明火作用下，根据温度的不同，可以将木材从受热到燃烧的过程分为以下四个阶段。

阶段一：温度由室温至200℃。此阶段木材热分解速度缓慢，主要析出水蒸气和二氧化碳（CO2）等不燃气体，需要消耗能量，是吸热阶段。

阶段二：温度为200～280℃。此阶段木材热分解速度加快，水分几乎完全蒸发，主要生成一氧化碳（CO）等可燃气体，但可燃气体的生成量较少，仍为吸热阶段。

阶段三：温度为280～500℃。此阶段木材发生急剧热分解，生成大量的甲烷和乙烯等气体产物以及醋酸、甲醇和焦油等液体产物，这些组分都是可燃物，在燃烧时会产生火焰。当温度达到350℃时，热分解结束，木炭开始燃烧，此阶段为放热阶段。

阶段四：温度超过500℃。木材基本已经汽化，快速形成了挥发性和易燃性气体。该阶段对纤维素中炭的利用更为完全，产生了更小的木炭残留物。

总之，木材燃烧的特点是：燃烧产物多、火焰大、温度高、蔓延快。

（2）高分子材料的热解、汽化和液化

使用激光对高分子材料加热，温度不断升高，热解、汽化反应逐渐强化，并形成一束垂直于试件表面的白烟，白烟逐渐变粗并距表面只有3mm～4mm，随后着火形成预混火焰，最后扩散。添加少量的四氯化碳（CCl_4）可以使燃烧的速度变慢。

（3）薄纸片、布等可燃固体的起火

厚度薄、面积大、总质量相对轻，热容量小，受热后升温很快，容易达到热解、汽化温度，容易起火。薄片物体放置的位置、方向等影响其起火特性。例如，与薄片状固体水平放置状态相比，垂直放置状态因为自然对流有利，改善了供养条件，可燃固体起火延迟时间较短。

（4）钠、镁等金属的起火

钠、镁等轻金属在空气中可自燃，须隔绝空气保存。铝、铁、钛等虽在空气中不能燃烧，但在纯氧中可燃烧，并且，金属上方比下方更容易燃烧。

（5）可燃微粒物的起火

可燃微粒物在一般情况下是堆积存放，堆积体积较大，具有如下特点：

松散，氧气容易渗入，对燃烧有利；形状、尺寸不固定，只要有少部分火，将导致整体起火。可燃微粒物输送多用气动力输运，这种方式使可燃微粒物悬浮成为悬浮可燃微粒物。可燃微粒物起火浓度下限与微粒平均直径有关，并且振动将使微粒物带电，微粒带电后将改变其着火性能。对于煤粉、面粉厂，棉、麻等纺织厂要特别注意微粒物的浓度。

2. 可燃固体火灾蔓延的影响因素

（1）材料特性

熔点、热分解温度、材料和厚度等影响可燃固体的火灾蔓延速度，固体的熔点、热分解温度越低，其燃烧速度越快，火灾蔓延速度也越快。

（2）环境因素

环境风速、温度、氧浓度、空气压力等也是影响可燃固体火灾蔓延速度的重要因素。相同的材料在不同的环境风速、氧浓度和压力下火灾蔓延速度的区别。外界环境中的氧浓度增大，火焰传播速度加快。风速增加也有利于火焰的传播，但风速过大会吹灭火焰。空气压力增加，提高了化学反应速度，加快了火焰传播。

（3）传播蔓延方向

在相同的材料，相同的外界条件下，火焰沿材料的水平方向、倾斜方向和垂直方向的传播蔓延速度也不相同。

在无风的条件下，火焰形状基本是对称的，由于火焰的上升而夹带的空气流在火焰四周的分布也是相对称的，火焰将逆着空气流的方向向四周蔓延。火焰向材料表面未燃烧区域的传热方式主要是热辐射，但在火焰根部，对流换热（直接接触）占主导地位。

在有风的条件下，火焰顺着风向倾斜，火焰和材料表面间的热辐射不再对称。在上风侧，火焰逆着风流方向传播，气相热传导是主要的传热方式，因此火焰传播速度非常慢，甚至不能传播。而在下风侧，火焰和材料表面间的传热方式主要为热辐射和对流换热，并且辐射角系数较大，因此火焰传播速度较快。

由于风力作用，火焰覆盖在材料未燃区域的表面，火焰和材料表面间存在强烈的热辐射和对流换热，火焰向上传播速度较快，而向下传播速度较慢。

(4) 其他影响因素

除了材料的几何形状、着火位置、环境条件等对燃烧过程产生影响外，燃烧过程中固体可燃物受热后液化或结焦也会对可燃固体的火灾蔓延速度产生影响。

受热后液化的可燃物，其燃烧特性具有液体燃料燃烧特性。受热后结焦的可燃物，会在表面形成一层焦壳，焦壳一般都具有较强的隔热性，可使内层物质不受高温的影响。对上述两种情况的燃烧特性的讨论必须结合可燃物的性能进行。由于可燃物种类繁多，使得此项工作难以进行，目前多采用实验测量的办法给出实验数据。

（四）可燃固体表面的火蔓延

1. 塑料等人工合成固体可燃物表面的火蔓延

着火的部位不同，火焰向塑料棒的传热情况便不同，从而火灾的蔓延速度也不相同。在无相对风速的条件下，当下端着火，向上蔓延时，因燃烧而产生的高温气流沿着未燃部分的表面向上升腾，高温气流与未燃部分的表面间存在强烈的对流换热作用。未燃部分通过对流换热从高温气体中得到较多的热量，加速了未燃部分的热解、汽化，因此火的蔓延速度较快。当上端着火，火向下蔓延时，高温烟气不流经未燃部分，不存在对流换热，只能通过热辐射和塑料棒的导热传递热量，加热未燃部分，所以火的蔓延速度较慢。

2. 板的火蔓延

板的厚度对火蔓延速度有较大影响。当板厚较小时，向预热区的传热方式主要为气相传热；当板厚较大时，向预热区的传热方式主要为固体内部传热。传热方式的变化导致火灾蔓延速度的变化。有机玻璃板火蔓延速度与厚度的关系。板厚度增加，火蔓延速度减小；板厚度超过某一值后，火蔓延速度趋于某一常值。

根据火蔓延速度（v_f）、板厚度、板表面温度（T_s）三者之间关系的研究结果，在板厚度较小时，火蔓延速度与固体可燃物的汽化温度（T_v）都同固体可燃物的表面温度差（$T_v - T_s$）成反比；在板厚度较大时，火蔓延速度（v_f）与固体可燃物的表面温度差的平方（$(T_v - T_s)^2$）成反比。这说明对于厚度大的固体可燃物，其表面温度对火蔓延速度有显著影响。

火焰在距离着火点 10～15 mm 处从层流火焰转变为湍流火焰，此后热分解、汽化区的扩大速度（火蔓延速度）与火距离（x）成正比。这充分体现了已燃高温燃气的预热效果，而这种效果是一种综合效果，需要注意各种参数之间的相互关系。

当改变材料的种类时，固体可燃物内部热流的分布规律变化不大，但相对位置和绝对值都有明显的变化。这表明火焰形状和最高温度都有变化，并引起传热关系的变化，特别要注意对流传热项相对重要性的变化。

采用的试件尺寸较小，用于大试件时应作适当修正，必须考虑热辐射的影响。尤其在环境氧气浓度较大时，燃烧速度较快、火焰温度较高，燃烧放出的热量较多地返回可燃物表面，起到加快燃烧速度的作用。另外，因挥发份产生速度的增加，在可燃物表面形成了一层挥发份，这层挥发份吸收了火焰的辐射热，同时挥发份的流动又降低了可燃物表面的对流传热，起到了减慢燃烧速度的作用。

3．木材等天然固体可燃物表面的火灾蔓延

木材燃烧是一个复杂的过程，它包括可燃气体的释放以及这些气体从燃烧表面向周围环境的扩散（质量传递）。同时，气体燃烧以及氧化、炭化产生的热量向木材内部传递，反过来又为木材的热解提供能量（热传递）。热分解产物与其环境温度、木材种类及其密度相关，而热传递过程又受木材的种类、含水率、木材尺寸等参数的影响。综合来看，木材的种类决定了木材的燃烧性能。外部热辐射、湿度、空气流通情况、燃烧时的风向等燃烧环境直接影响木材的火灾蔓延特性。

木材燃烧的速度是用木材变黑即炭化扩展的深度来计算的。炭化深度是木材的外表面到炭化线（char－line，木材本色与炭化层黑色之间分界线）所在位置间的距离，由曝火时间和相应的炭化速率决定，炭化线处的温度约等于 300℃。

木材的炭化速率取决于木材燃烧的动态特性以及外部火源的暴露特性。木材的物理形状、密度、导热性能及含水率等因素均会影响木材的燃烧特性。具体来说，当木材的密度大、含水率高时，燃烧的速度缓慢；当木材受热的温度高、通风供氧的条件良好时，燃烧的速度会较快。当木条有倾斜角时，木条横截面的高度与厚度对火蔓延速度的影响并不相同。当厚度增加时，火蔓延速度下降；当高度增加时，火蔓延速度增加。这是因为高度增加相当于垂直方向的长度增加，所以火焰对上部木条的预热作用加强，导致火蔓延速度增加。当环境温度升高时，因木材的热解速度迅速增加，火的蔓延速度也相应迅速增加。

很多研究表明，木材在标准火条件（ISO 834）下，炭化速率为0.6 mm/min，并且平行木纹方向的炭化速率是垂直木纹方向的2倍。对于上述速率，有专家建议将潮湿木材的炭化速率修正至0 4 mm/min，而对于干燥或轻木材则调至0.8 mm/min。此外，为了对火灾中构件的安全性进行可靠的分析，还应考虑炭化速率的变化和分布。例如，木材的边角部分由于受热的面积大会最先炭化。而在木材的节点处，由于木材的密度较高，炭化速率会变缓。还有研究认为，暴露火源之初和结束时的炭化速率对整个炭化过程来说非常重要。

木材的汽化和燃烧造成木材质量的损失，其质量损失速率和炭化速率间存在着一定的对应关系。有研究表明，在高温热解的情况下，木材在450℃左右炭化后的残留重量减少至原重量的25%，甚至更低。

木材的热释放速率取决于热辐射能量、温度、木材的含水率、厚度、木纹方向、木板背面的边界条件、周围空气中的氧气浓度等因素。此外，材料燃烧时的热释放速率与受热时间也有密切的关系，这可以用热释放速率曲线来表示。各种木材的热释放速率曲线在形状上很相似——点燃后很快会出现一个由于易燃的热解物快速燃烧而产生的“陡峭”的峰值，随着木材的炭化，由于炭化层的隔绝作用，释热速率减小，如果木材足够厚，释热速率将处于一个稳定的状态。通常，木材的厚度有限，在燃烧结束前剩余木材的温度会迅速提高，使得热解速率大大提高，从而产生释热速率的第二个峰值。如果木板背面的边界条件有较大的变化（例如木板的厚度足够大），使得木材的温度不会迅速地提高，也可能不会产生第二个峰值。

4. 薄片（纸等）固体可燃物表面的火灾蔓延

薄片（纸等）固体应用很广，这种固体可燃物厚度很小，但是面积很大，总的质量不大，热容也不大，受热后升温很快。大量的研究表明，薄片固体可燃物的质量燃烧速度等于固体可燃物的汽化速度，而固体可燃物的汽化速度与外部向固体可燃物的传热量有关。

尽管薄片固体可燃物的种类不同，但与传热量基本呈线性关系。这实质上反映了温度对燃烧过程的影响，炭片的燃烧实验结果也证实了这点。当温度在 1 000℃以下时，炭片燃烧只有表面反应，相应的温度分布、氧气浓度分布和二氧化碳浓度分布；当温度在 1 000℃以上时，炭片燃烧除表面反应之外，还有空间反应，相应的特性曲线。上述结果可以用来预测贴在墙上的纸着火之后的蔓延速度、窗帘着火之后的蔓延速度等。

薄片固体可燃物在燃烧过程中温度是不断变化的，这必然引起自然对流及传热过程的变化，最后又影响到燃烧过程的变化。因此，温度是整个过程的关键参数，而直接影响燃烧过程的参数是相对速度。

按照相对速度的大小，可以分成以下三个不同的区域。

Ⅰ区：u∞≤85cm/s，属于自然对流范围。环境风速增加时，火蔓延速度下降。在每一种相对速度下，火的蔓延过程都有个加速现象。

Ⅱ区：85<u∞<125cm/s，在此速度范围内，火焰很不稳定，纸中间部分的火蔓延速度忽快忽慢，纸两边的火蔓延速度比中间的慢很多，火焰的整体形状变尖。

Ⅲ区：u∞≥125cm/s，火焰蔓延速度进一步下降，但均匀了，边上与中间的火蔓延速度基本相同，但有局部加速的现象。如果速度再增加，就会发生熄火现象。

在距离初始着火 10 cm、距离纸面 0. 1 cm 处，安装一支热电偶进行纸面附近的气相温度及分布研究。对应Ⅰ区、Ⅱ区和Ⅲ区的实验条件，测得相应的温度—时间曲线。在Ⅰ区未燃侧受火焰前锋高温气体的预热作用明显，气相温度变化并不很规则，但总的趋势是温度不断升高；在Ⅱ区里高温气体的预热作用呈周期性变化，这是高温气体与环境气体交替流过该处所致；在Ⅲ区里高温气体的预热作用只限于紧靠火焰前锋的一小部分，其他部分几乎不受预热影响。对火焰前锋附近流场的进一步观测结果，证实上述分析是正确的。

（五）阴燃

阴燃是某些固体物质无可见光的缓慢燃烧，通常产生烟并伴有温度升高的现象。在物质的燃烧性能试验方面，阴燃的定义是，在规定的试验条件下，物质发生的持续、有烟、无焰的燃烧现象。阴燃与有焰燃烧的主要区别是阴燃无火焰，能热分解出可燃气。阴燃的放热量较小，燃烧速度很慢，不容易发现，但在一定条件下，阴燃可以转变为有焰燃烧。

阴燃过程的燃烧反应发生在固体表面，该过程与化学反应、换热过程、气体流动、物质扩散、相变等因素有关。

阴燃是固体材料特有的燃烧形式，但其能否发生，完全取决于固体材料自身的理化性质及其所处的外部环境。很多固体材料，如纸张、锯末、纤维织物、纤维板、胶乳橡胶及某些多孔热固性塑料等都能发生阴燃。

阴燃主要发生在固体物质处于空气不流通状态的情况下，如固体堆垛内部的阴燃，处于密封性较好的室内的固体阴燃，但也有在暴露于外加热流的固体粉尘层表面上发生阴燃的情况。无论哪种情况，阴燃的发生都要求有一个供热强度适宜的热源。因为供热强度过小，固体无法着火；供热强度过大，固体将发生有焰燃烧。在多孔材料中，常见的引起阴燃的热源包括以下几种。

1. 自燃热源

固体堆垛内的阴燃多半是自燃的结果，而堆积固体自燃的基本特征就是在堆垛内部以阴燃反应开始燃烧，然后缓慢向外传播，直到在堆垛表面转变为有焰燃烧。

2. 阴燃本身成为热源

一种固体正在发生着的阴燃，可能成为引燃源导致另一种固体阴燃，如香烟的阴燃常常引起地毯、被褥、木屑、植被等阴燃，进而发生恶性火灾。

3. 有焰燃烧火焰熄灭后的阴燃

阴燃是一种十分复杂的燃烧现象，受到多方面因素的影响。这些因素主要包括以下几种。

(1) 可燃物种类

一般质地松软、细微、杂质少、透气性好的材料阴燃性能好。这是由于这类材料的保温性能和隔热性能都比较好，热量不容易散失。棉花就是这类材料的典型代表。

(2) 可燃物尺寸

单一材料的尺寸（主要指直径）对阴燃的影响很复杂，难以得出统一结论。一般可燃物的尺寸较大，从上向下蔓延的阴燃与从下向上蔓延的阴燃向有焰燃烧转变的可能性都较大。

(3) 氧气浓度

阴燃区周围的氧气浓度增大，有助于阴燃的蔓延，当氧气浓度达到某一值时，就可以发生向有焰燃烧的转变。对于向上蔓延的阴燃，若空气从下方供应，空气与燃烧产物的流动方向相同，有助于提高化学反应速率，对阴燃向有焰燃烧转变有利。转变为明火后需要的氧气浓度可以低一些。而对于向下蔓延的阴燃，若仍从下方供应空气，向有焰燃烧转变则更困难些，必须在较高的氧气浓度下才能发生。

（4）阴燃反应区的形状等特性参数

反应区的表面积越大，接收到的氧气较多，对燃烧反应有利，所以反应区的最高温度较高，容易转变成有焰燃烧。

三、建筑火灾蔓延演化规律

（一）建筑火灾的基本发展过程

根据建筑火灾温度随时间的变化特点，可以将火灾发展过程分为火灾初期增长阶段、火灾充分发展阶段和火灾减弱熄灭阶段。

1．初期增长阶段

室内发生火灾后，最初只是起火单位及其周围可燃物着火燃烧，这时火灾好像在敞开的空间里进行一样，在火灾局部燃烧形成之后，可能会出现下列三种情况。

第一，最初着火的可燃物质燃烧完，而未蔓延至其他的可燃物质，尤其是初始的可燃物处在隔离的情况下。

第二，如果通风不足，则火灾可能自行熄灭，或受到通风条件的支配，以很慢的燃烧速度继续燃烧。

第三，如果存在足够物质，而且具有良好的通风条件，则火灾迅速发展到整个房间，使房间中的所有可燃物（家具、衣物、可燃装修等）卷入燃烧之中，从而使室内火灾进入全面发展的猛烈燃烧阶段。

火灾初期阶段的特点是：火灾燃烧范围不大，火灾仅限于初始起火点附近；温度差别大，在燃烧区域及其附近存在高温，室内平均温度低；火灾发展速度较慢，在发展过程中火势不稳定；火灾发展时间因受点火源、可燃物质性质和分布以及通风条件影响，其长短差别很大。

在火灾初期阶段中后期，如果火灾没有得到及时控制，可燃物会继续燃烧，进入火灾增长阶段。此时火灾燃烧强度增大、速度加快、温度升高，而且不断生成大量的热烟，燃烧面积扩大。如果房间高度较低，火焰烟气冲击顶棚，则顶棚下面既有烟气流动，又有火焰传播，四周墙壁很快被加热。当热烟气层向外扩散，碰到房间墙壁阻挡时，便开始沿墙壁向下流动，过内门后因烟气温度仍然很高，又向上浮并在墙顶聚集，达到一定厚度后开始向房间中部扩展，使整个顶棚热烟层增厚，靠顶棚的热烟气温度越来越高，火灾范围迅速扩大。当火焰高度大于顶棚高度（强羽流）时，烟气温度较高，对建筑构件有较大破坏。

建筑火灾中，由于初期阶段火灾范围较小，不会产生高热量辐射及高强度的气体对流，烟气量不大，燃烧所产生的有害气体尚未蔓延扩散，是最佳灭火和逃生阶段。因此初期阶段火灾持续的时间，对建筑物内人员的安全疏散、重要物资的抢救以及火灾扑救都具有重要意义。一旦建筑火灾进入火灾增长阶段，应立即采取一定防护措施，马上逃生。同时，需要一定灭火力量才能有效控制火势发展和扑灭火灾。如果室内火灾经过诱发成长，一旦达到轰燃，则该室内未逃离人员的生命将受到严重威胁。

2. 充分发展阶段

在火灾初期阶段后期，起火房间整个顶棚热烟层增厚，靠顶棚的热烟气温度越来越高，火灾范围迅速扩大，当房间温度达到一定值时，如果这时房间有通向外部的开口（门、窗），热烟气越过门顶流向室外，使室内气压突然降低，室外新鲜空气大量吸入，聚集在室内的大量可燃气体获得足够氧气而突然起火，使整个房间充满火焰，室内所有可燃物表面全部卷入火灾之中，燃烧十分猛烈，温度升高很快，在瞬间完成由室内局部燃烧向全室性燃烧变化的过程，这种现象称为轰燃（突发的爆燃现象），轰燃是火灾进入旺盛期最显著的特征之一。

在建筑火灾中，轰燃现象既有明显出现的情况，也有客观条件不具备而不出现的情况。当室内的温度达到600℃以上时，室内绝大多数可燃物均卷入燃烧，便可发生轰燃。但轰燃现象也与室内火灾的点火源大小、房间开口率以及装修材料的部位、燃烧性能、导热系数、材料的厚薄等诸多因素有关。

轰燃作为一种强烈燃烧现象，是火灾由初期的增长阶段向充分发展阶段转变的过渡阶段，它的持续时间一般较短。一旦着火房间发生轰燃，火灾即进入充分燃烧阶段。此阶段房间所有可燃物都在猛烈燃烧，放热速度很快，因而房间内温度升高很快，并出现持续性高温，最高温度可达 1 100℃左右。火焰、高温烟气从房间的开口部位大量喷出，把火灾蔓延到建筑物的其他部分。室内高温还对建筑构件产生热作用，使建筑构件的承载能力下降，甚至造成建筑物局部或整体倒塌。

通常在起火后，耐火建筑的房间由于其四周墙壁和顶棚、地面坚固而不会被烧穿，因此发生火灾时房间通风开口的大小没有什么变化。当火灾进入全面发展阶段，室内燃烧大多由通风控制着，室内保持着稳定的燃烧状态。火灾全面发展阶段的持续时间取决于室内可燃物的性质和数量、通风条件等。

火灾充分发展阶段是火灾发展过程中最为危险的阶段，对扑救人员和被困人员的生命安全威胁最大。为了减少火灾损失，针对火灾充分发展阶段的特点，在建筑防火设计中应采取的主要措施有：在建筑物内设置具有一定耐火性能的防火分隔物，把火灾控制在一定的范围内，防止火灾大面积蔓延；选用耐火程度较高的建筑结构作为建筑物的承重体系，确保建筑物发生火灾时不倒塌，为火灾中人员疏散、消防队扑救火灾、火灾后建筑物修复及继续使用创造条件；注意防止火灾向相邻建筑蔓延。

3. 减弱熄灭阶段

在火灾充分发展阶段后期，随着室内可燃物的挥发物质不断减少以及可燃物数量的减少，火灾燃烧速度递减，温度逐渐下降。当室内平均温度降到温度最高值的 80%时，则一般认为火灾进入熄灭阶段。随后，房间温度明显下降，直到把房间内的全部可燃物烧尽，室内外温度趋于一致，则可宣告火灾结束。

该阶段前期，燃烧仍较为猛烈，虽然火灾的燃烧强度随着可燃物的消耗而不断减弱，但由于燃烧释放的热量不会很快散失，火灾温度仍很高。针对该阶段的特点，应注意防止建筑构件因较长时间受高温作用和灭火射水的冷却作用而出现裂缝、下沉、倾斜甚至倒塌，确保消防人员的人身安全。

该阶段后期室温逐渐降低，每分钟下降 7℃～10℃，但在较长时间内室温还会保持在 200℃～300℃，当可燃物基本烧完后，火势趋于熄灭。

可燃气体或液体的燃烧速度很快，特别是气体燃烧发展的三个阶段不太明显。从上述火灾发展和蔓延的特点来看，火灾初期最容易扑救也是逃生的最佳时机。只有把火灾扑灭在初期阶段才能有效控制火势，减少损失。

（二）建筑火灾的主要蔓延形式

火灾在建筑物内蔓延的形式与起火位置、可燃物数量和分布及建筑材料燃烧性能有很大关系。常见的蔓延形式主要有以下几类。

1. 延烧

可燃物表面起火后，由于导热作用使燃烧沿表面连续不断地向外发展下去的火灾蔓延形式叫延烧，延烧是初期火灾蔓延的主要形式。

2. 火焰直接点燃

起火点的火焰直接点燃周围可燃物的火灾蔓延形式叫火焰直接点燃，这种火灾蔓延形式多在可燃物相距较近的情况下出现。

3. 热传导

热量从系统的一部分传到另一部分或由一个系统传到另一系统的现象叫作热传导。热传导是固体中热传递的主要方式。各种物质的热传导性能不同，一般金属都是热的良导体，玻璃、木材、棉毛制品、羽毛、毛皮以及液体和气体都是热的不良导体，石棉的热传导性能极差，常作为绝热材料。例如，由于金属管道或其他金属容器的导热作用，将热量由墙、楼板、管壁的一侧传到另一侧引燃可燃物，使火灾在建筑物内部迅速蔓延。在气体或液体中，热传导过程往往和热对流同时发生。

4. 热对流

热对流是指热量通过流动介质（气体或液体），由空间的一处传播到另一处的现象。可燃物着火后，其火羽流通过热对流将热量传递到其他的可燃物，通常也夹带有燃烧灰烬，会增加火灾蔓延的可能性。着火建筑物炽热的烟气、火焰等也会由着火区域通过门窗洞口或已经破坏的屋顶向建筑物外传播。热对流是热传播的重要方式，是影响初期火灾发展的最主要因素。火场中通风孔洞面积愈大，热对流的速度愈快；通风孔洞所处位置愈高，热对流速度愈快。

5. 热辐射

物体因自身的温度而具有向外发射能量的本领，这种热传递的方式叫作热辐射。热辐射不受一些介质，如空气、风等的影响，它以电磁辐射的形式发出能量，温度越高，辐射越强。热辐射是远距离传热的主要方式，是火灾发展阶段火势蔓延扩大的主要因素。

在热对流的作用下，有些尚未燃尽的物质会借着热对流产生的动力飞向空中形成飞火。飞火在风力的作用下，可以偏移达数十米甚至数百米。由于飞火所含的热量少，如果仅仅是飞火落到建筑的可燃物上，也不易形成新的起火点。但如果飞火和热辐射相配合，往往比单纯的热辐射更容易使相邻的建筑物提前被引着，导致火灾向相邻建筑蔓延。

6．其他蔓延形式

除了热传递的三种方式以外，风、建筑物倒塌都有可能造成火势蔓延扩大。

（1）风对火灾蔓延的影响

一般来说，大风天发生火灾容易扩大蔓延。即使无风或小风，由于火灾加热了燃烧区周围的空气，热空气上升，并且温度越高热空气上升速度越快，周围的新鲜空气流入燃烧区的速度也越快，从而形成“火风”。火风能把火星带到很高很远的地方，如果落到可燃物上，就会引起新的燃烧，加速了火灾的蔓延。

（2）建筑物倒塌对火灾蔓延的影响

建筑物倒塌是由于燃烧破坏了建筑结构，建筑物的倒塌增加了孔洞，暴露了新的燃烧面，增加了空气进入燃烧区的流量或改变了热气流的流动方向，容易出现“飞火”，造成火灾蔓延扩大。

（三）建筑火灾的主要蔓延途径

研究火灾蔓延途径对开展灭火战斗具有很强的指导作用，从实际的灭火经验来看建筑物内的火灾蔓延主要包括以下几个途径。

1．楼板孔洞

因为火势易于向上蔓延，所以楼板上的开口（如厂房内设备吊装孔、楼梯间、电梯井、管道井等）都是火灾蔓延的良好通道。通常条件下，热烟气垂直流速为2m/s～3m/s。因此火灾向上蔓延的速度很快。

2．内墙门

尽管最初火灾只发生在一个房间内，但是当内墙门被烧穿之后，火灾将最终蔓延到整个建筑物。即使建筑物的走廊内没有任何可燃物，强大的热对流和高温热烟气仍可使燃烧蔓延。

3. 闷顶

建筑物的闷顶空间一般都很大，普遍采用木质结构，加上不设防火分隔，通风良好，热烟气很容易通过闷顶迅速蔓延，而且热烟气在闷顶中的蔓延一般又不容易被及时发现，危害更大。

4. 通风管道

可燃材料制作的管道，在起火时能把燃烧扩散到通风管的任何一点，它是使火灾蔓延扩大的重要途径，也为火灾蔓延提供了最为便利的条件。

(四) 热烟气流引起的火灾蔓延

以建筑室内火灾为例，当某室起火燃烧后，就会有大量的热烟气产生。由于热烟气的加热作用，可能导致流通路上的可燃物着火，造成火灾的蔓延。

1. 建筑室内的热烟气流动

建筑室内可燃物着火燃烧后，产生热烟气的情况。可燃物上方被划分为几个不同的区域，它们各自具有不同的特点。

(1) 连续火焰区

它处于热烟气的最下面。连续火焰区轴线上的温度与距可燃物表面的距离无关，大体为一个常数；轴线上垂直向上的气流速度与距可燃物表面的距离的平方成正比；上升气流的直径与高度无关，也大体为一个常数。

(2) 间断火焰区

它处于热烟气的中间部位。其轴线上的温度与距可燃物表面的距离成反比，轴线上垂直向上的气流的直径与距可燃物表面的高度的平方根成正比。

(3) 无火焰热气流区

它处于热烟气的最上面。其轴线上的温度与距可燃物表面距离的 5/3 次方成正比；轴线上垂直向上的气流速度与距可燃物表面距离的 1/3 次方成正比；上升气流的直径与距可燃物表面的距离成正比。

一般建筑室内的容积是有限的，随着热烟气的不断产生，热烟气将很快充满整个室内的上层空间。在充满整个上层空间之后，随着热烟气的继续产生，将有一个相应的热烟气层的下降过程。当热烟气层下降到开口处上沿时，热烟气将向室外流动。随着热烟气的流出，可能引起其他室内可燃物的着火，造成火灾蔓延。所以计算热烟气层的下降速度，对于安全逃生，组织灭火活动等都非常重要。

随着热烟气层厚度的增加，热烟气对人体的危害越来越大。如果人的平均高度定为 1.7m，即 $H'=1.7$m 所对应的时间即为安全逃生时间。在此时间之后，因热烟气的作用，人会缺氧中毒而失去逃生能力，导致人员伤亡。这说明热烟气层下降速度对火灾初期消防活动有重要作用。

2. 有开口室内的热烟气流动

当建筑室内有开口时，必须考虑热烟气流的流出量对热烟气层下降速度的影响。

不同的火灾阶段，热烟气流的流出量是不同的。如果考虑对安全逃生时间的影响，当热烟气层超过开口下沿时，流出的热烟气量与流入的新鲜空气量相等。

如果火灾室的开口与外界大气相通（普通的窗子），则应考虑热烟气流对火灾室相应上层窗子及相邻建筑物的引燃作用，防止火灾的蔓延。如果火灾室的开口与建筑物的走廊或其他房间相通，则应考虑热烟气在走廊、相邻房间及整个建筑物内的流动，制定相应的防止火灾蔓延的对策。

3. 走廊中的热烟气流动

因热烟气的温度较高，比重较低，与走廊中的新鲜空气形成了明显的分层流动状态。

烟气流入走廊之后，热烟气将向整个建筑物内扩散，其中向上方扩散更快些。要研究热烟气的流动规律，必须分析热烟气的受力状态，只有改变热烟气的受力状态才能改变它的运动情况。这正是高层建筑物中，防排烟技术的核心。采用这种技术之后，可以根据火灾室的实际情况，选择排烟通道和供气增压通道，有效地组织灭火活动，尽快将火灾扑灭。

4. 热烟气在多层建筑物内的蔓延

热烟气在单层或多层建筑物内蔓延时，受热浮力作用烟气首先冲上屋顶，逐渐充满门窗以上的空间。然后越过门窗，通过梁或屋架梁，蔓延至走廊，进入其他敞开屋门的房间，或沿水平方向漫流。此时，烟气的流动方向和速度在很大程度上受外界风力的影响。

热烟气在多层建筑物内流动要受到两侧敞开楼梯间气流的影响，楼梯间的对流通风将加速烟气的蔓延。

5. 热烟气在高层建筑物内的蔓延

理论推测和实际测定发现，与低层建筑不同的是，在高层建筑中，并非每个窗口都同时进气和排气。这是因为高层建筑的中性面不在窗口，而集中于建筑物的腰部。在风力作用下，高层建筑内中性面以下的上风侧的窗口为进气口，中性面以上的窗口则为排烟口。也就是说，低层建筑窗口上，风压的中性层不见了，而整个高层建筑成了一个低层建筑的大窗口。

底层进风的压力最大，排烟的压力几乎等于零；相反，在顶部进风的压力等于零，而排气的压力达到最大。把各层进风和排气的作用相加，便可看出高层建筑中，下面各层窗口只进风，而不排气；上面各层窗口只排气，而不进风。这并非意味着下层房间不排气，上层房间不进风，只不过排气进风都由建筑物内部通道实现而已。因此，高层建筑物一旦发生火灾，热烟气和火焰经由建筑物内部通道迅速向上蔓延，很快发展为立体火灾。

多数情况下，建筑物内的温度大于室外温度，由于烟囱效应，室内烟气总的方向是自下而上的。当起火层位于建筑物的下部，并且火风压大于进风口处压力时，大量的热烟气将窜出窗口向上蔓延。而当火风压小于进风口的压力时，热烟气则只能从建筑物内部的通道向上蔓延。起火层的位置越低，受烟气影响的层数越多。相反，当起火层位于建筑物的上部时，火风压与烟囱效应叠加的抽拔力将加速空气从底部向上蔓延，使起火区的火势更加猛烈。

6. 火焰与烟气热辐射引起的建筑火灾蔓延

火灾过程中火焰与高温热烟气颗粒形成的热辐射也是造成建筑内火灾蔓延的主要原因，大量的燃烧实验的结果表明，没有碳烟生成时，燃烧放出的热量中有10％通过热辐射向外传送；当有碳烟生成时，则通过热辐射向外传送的热量增加到20％～45％。火灾中的燃烧条件较差，一般都会有大量的碳烟颗粒生成，此时通过热辐射向外传送热量的份额会更大，因此热辐射在火灾蔓延过程中起着十分重要的作用。

建筑室内火灾发展过程可分成，可燃物引燃形成火焰、火羽流和高温烟气层（及顶棚射流）、壁面影响和开口流动等多个分过程。火焰羽流和热烟气层形成的热辐射反馈给周围可燃物，从而加剧可燃物的汽化（热分解）和燃烧，使燃烧面积越来越大，火势进一步增强，室内温度继续升高，室内所有可燃物都将着火燃烧，并最终转化为极为猛烈的轰燃阶段。室内起火后，火焰或热烟气从开口流出则会对周围建筑物产生严重的威胁，建筑外立面开口火溢流是建筑外立面可燃材料火蔓延的初始阶段。高温火焰或热烟颗粒可引燃墙体外饰可燃材料或通过开口点燃室内可燃物使火灾向上一层蔓延，火焰能否通过外墙窗口向上蔓延主要取决于从窗口释放热量的多少和喷出火焰的长短。

四、火灾致灾成因

（一）火灾灾害后果类型

火灾是当今世界上多发性灾害中发生频率较高的一种灾害，也是时空跨度最大的一种灾害。概括来说，由火灾所导致的灾害后果，主要包括财产损失、人员伤亡、结构破坏和环境影响等。

1. 财产损失

火灾事故会造成大量的物质财产损失。其中直接财产损失是指被烧毁、烧损、烟熏、辐射和在灭火中破拆、碰撞、水渍以及因火灾引起的污染等所造成的损失。而间接财产损失是指因火灾而停工、停产、停业所造成的损失以及现场施救、善后处理费用（包括清理火场、人身伤亡之后所支出医疗、丧葬、抚恤、补助救济、歇工工资等费用）。

财产损失是火灾事故造成的最为直观的损失之一。随着建筑体量的日益增大、高度的不断增高、建筑内物质财产集中程度的逐渐增加，单起火灾造成巨额财产损失的情况也屡有出现。

2. 人员伤亡

随着我国经济的迅速发展、第三产业的蓬勃兴起，公众聚集场所的数量不断增加。这类场所一般装潢豪华、可燃物多、不确定的火灾因素多。同时人员密度高、流动性强、对建筑的疏散路线及周围环境大都不熟悉，一旦发生火灾往往难于自主逃生，也不容易被营救。因此，这些公众聚集场所一旦发生火灾，往往容易造成群死群伤的恶性事故。随着社会经济的发展和科学技术的进步，人们对火灾的重视程度和抵御火灾的能力也不断提高，单次火灾死亡人数超百人的火灾鲜有发生，但火灾事故特别是重特大火灾事故导致的人员伤亡情况仍不容忽视。

3. 结构破坏

火灾是破坏建筑物结构安全的重要原因之一。不同结构的建筑物耐火性能不同。木结构起火容易蔓延，烧的时间长了容易塌落；钢结构不燃烧，但在高温作用下很快失去强度，如普通钢材温度达到 580℃，其强度降低约 50％；钢筋混凝土耐火能力强，一般在几小时的火灾中不发生倒塌。在火灾产生的高温作用下，建筑构件的力学性能会在一定时间后遭到破坏，乃至失去支撑或隔断能力，造成建筑局部结构被破坏，甚至主体结构坍塌，使建筑物遭受灾难性的毁坏，也使建筑物内、外的人员和财产安全受到极大威胁。

4．环境影响

火灾在造成巨大经济损失和严重人员伤亡的同时，还会对生态环境造成不同程度的破坏。森林火灾不仅烧毁了林木、烧毁林下的植物资源、引起水土流失、破坏野生动物赖以生存的环境，而且燃烧产生大量烟雾、二氧化碳、一氧化碳、碳氢化合物、氮氧化物等有害气体，会对大气环境产生不良影响，进而影响地面光照质量和数量。森林火灾产生的大量颗粒物会引起空气污染，燃烧产生的二氧化碳对温室效应将产生显著影响，燃烧产生的卤代烷也会对臭氧产生破坏作用。同时，森林火灾长期燃烧会导致火灾后土壤持续释放出各种氮氧化物，引发人类的呼吸道疾病。此外，当森林火灾造成烟雾笼罩的面积较大时，对夜间露水的形成有抑制作用，而且与火场周围没有烟雾弥漫的地段相比，在烟雾笼罩的地段降水会推迟。

火灾除了对大气环境造成破坏，对水体环境也会产生一定影响。不仅造成了附近地区空气污染，而且造成了一定数量的原油泄漏并流入大海，造成海域污染的同时，对当地的旅游、渔业等产业也产生较大影响。此外，当建筑、油罐、船舶、森林等各类火灾发生时，消防射流喷射救援后，现场残留的有害物质、火灾的燃烧产物和射流中含有的灭火剂（如各类泡沫灭火剂）等会从火灾现场流至排水系统，处置不当会造成地表水和地下水的污染。

（二）火灾危害及其成因

1．火灾发生的原因

我国的火灾统计将起火原因主要分为电气、生产作业、生活用火不慎、吸烟、玩火等方面，具体的火灾原因举例如表 1－1 所示。

表1—1　我国火灾统计中的火灾发生原因

起火原因分类	具体原因
电气	电气线路故障、电器设备故障、电加热器具火灾等
生产作业	焊割、烘烤、熬炼、化工火灾、机械设备类故障等
生活用火不慎	余火复燃，照明不慎，烘烤不慎，敬神祭祖，油锅起火，炉具故障及使用不当，烟道过热窜火、飞火，荒郊、野外生火不慎，使用蚊香不慎等
吸烟	违章吸烟、卧床吸烟、乱扔烟头、火柴等
玩火	小孩玩火、燃放烟花爆竹等
其他	自燃、雷击、静电、纵火等

2. 火灾的主要危害因素

(1) 热的危害

在火灾情况下，着火房间内的烟气温度可高达数百摄氏度，在地下建筑火灾中烟气温度可高达1 000℃以上。烟气热对人员的影响体现在热烟气对人体呼吸系统及皮肤的直接作用。空气中的水分含量对这两种危害都有显著影响，人体只要吸入的气体温度超过70℃，就会使血压急剧下降，毛细血管遭到破坏，气管、支气管内黏膜充血起水泡，组织坏死，从而导致血液循环系统被破坏，并引起肺水肿进而窒息死亡。同时，在高温作用下，人会心跳加速，大量出汗，并因脱水而死亡。对于大多数建筑环境而言，人体则可以短时间承受100℃环境的对流热。

而对于油库区的油罐火灾由于发生在开放环境中，空气供应充足，燃烧比较完全，生成的有毒、有害气体和烟尘相对较少，此时高温热辐射是人员伤亡和财产损失的主要原因。

(2) 烟气的危害

火灾中的烟气是指物质在燃烧反应过程中热分解生成的含有大量热量的气体及浮游于其中的固态和液态微粒组成的混合物。建筑材料、家具、衣服、布匹、纸张等可燃物，由于火灾时受热分解，然后与空气中的氧迅速反应燃烧，产生各种生成物。如果完全燃烧，那么生成物就较少，一般为二氧化碳、水、二氧化氮、五氧化二磷或卤化氢等。如果是不完全燃烧，则除了上述生成物外，还可以产生一氧化碳、有机酸、碳氢化合物、酮类、多环芳香族碳氢化合物、焦油、炭屑等。例如，木材在空气充足的条件下燃烧时，生成二氧化碳、水蒸气和灰分。而在密闭的房间或是地下室等空气不足的条件下燃烧时，还会生成一氧化碳、甲醇、乙醛、丙酮及其他一些干馏产物。塑料、人造丝、羊毛等高分子材料在燃烧时，除了生成二氧化碳以外，还会生成其他一些有毒或有刺激性的气体，如氯化氢、氨、氧化氢等。

火灾时产生的烟气对建筑中人员的心理和生理都将产生重大的影响，也就直接影响了人们在火灾中的逃生能力。大量的火灾统计资料表明，火灾中85％以上的死亡者是死于烟气的影响。其中大部分是吸入了烟尘及有毒气体昏迷后死亡的。具体来说，火灾中烟气的危害主要体现在以下方面。

①烟气的减光性

由于火灾烟气中的烟粒子对可见光是不透明的，对可见光有遮蔽作用。当烟气弥漫时，可见光因受到烟粒子的遮蔽而大大减弱，使能见度大大降低。能见度是反映疏散人群在火灾中经历的烟气浓度的一个指标，安全能见度数值为13m。这个值是根据不熟悉建筑环境的人受火灾烟气的影响、情绪比较紧张的情况下能看到安全出口的距离来确定的，烟气中有些气体对人的眼睛有强烈刺激作用，如HCI、NH_3（氨气）、SO_2、Cl_2（氯气）等，使人睁不开眼，从而使人们在疏散过程中的行进速度大大降低。因此人们在充满烟气的环境中，往往辨不清疏散方向且速度缓慢，严重影响了人员的安全疏散及消防救援行动。

②烟气的毒性

火灾现场对绝大多数受灾者来说，首先遇到的是烟雾和毒气，而不是令人难以忍受的高温和熊熊烈火。火场上的热烟尘是由燃烧中析出的碳粒子、焦油状液滴以及房屋倒塌时扬起的灰尘等组成。这些烟尘随热空气一起流动，若被吸入呼吸系统后，能堵塞、刺激内黏膜，有些甚至能威胁生命。现代生活中出现的高分子合成材料繁杂多样，更容易生成复杂的有毒燃烧产物，燃烧毒性是造成人员死亡的重要因素之一。

火灾中产生毒害的气体有一氧化碳、氰化氢、丙烯醛、氯化氢、氧化亚氮等。

一氧化碳（CO）：CO浓度是反映人员在疏散过程中呼吸到有毒气体多少的一个重要指标。CO在烟中的危险很大，当人体呼吸到CO后，CO会与人体内的血红蛋白相结合，使血红蛋白丧失携氧能力造成组织窒息甚至死亡。

氰化氢（HCN）：HCN有强烈的毒性，会妨害细胞中氧化酵素的活性。氧化酵素对细胞内的氧化反应有触媒作用，它一旦受到伤害细胞呼吸将停止，正常的细胞代谢也会受到阻止。当氰化氢在空气中的浓度达到HO ppm时，人员在30 min～1 h内死亡；达到135 ppm时，人员在30 min内死亡；达到270 ppm时，人员会立即死亡。

刺激性气体：火灾中产生的刺激性气体会对人眼及呼吸道产生危害作用。典型的刺激性气体为氯化氢、二氧化硫、丙烯醛和氨气等。这些气体通过化学作用刺激呼吸系统，使呼吸速度明显加快并严重损坏肺的正常功能。例如，氯化氢急性中毒死亡者，常呈现气管、支气管坏死，水肿或肺血管损伤等症状。当空气中氯化氢的浓度超过500ppm时，人员将难以忍受，超过2 000ppm时，人员会在数分钟内死亡。

③烟气的缺氧作用

人体正常呼吸时，空气中的氧体积分数一般为21%左右，当氧气在空气中的含量由21%的正常水平下降到15%时，人体的肌肉协调受影响；下降至14%～10%，人虽然有知觉，但判断力会明显减退，并很快感到疲劳；下降到10%～6%时，人体大脑会失去知觉，呼吸及心脏同时衰竭，数分钟内可死亡。在火场上，烟中的气体并不都是有毒的，但由于可燃物消耗掉了氧气，使氧含量下降，即使无毒气体也会妨害到人的呼吸。人体呼吸的空气中含氧量降低时，从肺细胞输到血液中的氧气量逐渐减少，身体组织的氧气供给不足，就会出现缺氧现象。缺氧会降低脑机能，妨碍判断能力和行动，造成人员反应迟钝，体力跟不上，直接影响到人员的逃生，通常这种影响在起火点附近比较明显。

二氧化碳是火灾空间中最普遍存在的单纯窒息性气体，其本身虽没有毒性，但可使吸气中氧的含量降低，阻碍血液的输氧能力，妨碍肌肉调节，引起头痛、虚脱、意识不清等问题。空气中二氧化碳浓度达到3%时就会迫使肺部加倍换气；浓度达到5%～7%时，人员在30 min～1 h内即有危险；浓度超过20%时，短时间内会造成人员死亡。

火灾中烟气对人体的影响往往是上述因素的综合作用。火灾中生成的烟气大都会影响人员在火灾中的及时逃生，甚至本身就是造成火灾中人员死亡的主要因素。

（三）基于统计资料的重特大火灾致灾成因总结

导致重特大火灾事故人员伤亡和严重经济损失的原因主要包括下列几方面。

1. 火势蔓延迅速

据调查，发生重特大火灾的场所往往可燃物燃烧充分，火灾发生后迅速形成立体燃烧。造成火势蔓延迅速的原因主要有以下几个。

第一，使用可燃材料装修、可燃杂物大量堆放等增加火灾荷载。建筑使用大量可燃材料搭建阁楼、分隔房间，违章拆卸、拆除火灾自动报警探头和自动喷水系统，建筑外墙广告牌和被破坏的封闭楼梯间客观上形成烟气扩散的通道等一系列原因导致火灾迅速蔓延。

第二，私搭乱建占据防火间距，造成防火间距不足，火灾向相邻建筑蔓延。私搭乱建、线路老化，大量使用易燃材料，消防通道被挤占。在大火中，有消防车想从消防通道进入院内，却根本找不到入口，只能眼睁睁看着火势蔓延。

老式砖木结构、私搭乱建行为、线路老化、不达标的消防标准，导致这些老式建筑一旦着火，很容易成为“楼酥酥”，坍塌风险度高。

第三，擅自变更设计。擅自改变建筑使用性质，将住宿与生产、仓储、经营一种或一种以上使用功能违章混合设置在同一空间内，形成“三合一”场所；擅自打通防火隔断，致使防火分区面积增大；擅自增加隔断，将一个房间分隔成若干个独立的房间，导致疏散距离或安全出口数量等出现问题；擅自取消设计的消防设施等。生产、仓储、居住混搭风险高，《中华人民共和国消防法》规定，生产、储存、经营易燃易爆危险品的场所不得与居住场所设置在同一建筑物内。哈尔滨大火中，起火建筑正是生产、仓储、居住三合一的低质建筑，火灾隐患大，风险高。

第四，防火分区间无实体墙分隔，或火灾时防火卷帘未及时动作，导致火势蔓延等。起火单位在故障灯具的垂直下方临时堆放塑料薄膜、纸板箱等可燃物，并且货物架空设置，火场通透性较好，致使火灾发生后迅速蔓延扩大。同时，建筑消防设施管理不善，火灾发生时，固定消防设施处于手动状态，喷淋和内部防火卷帘未动作，未能及时阻止火势的进一步发展。

第五，环境及可燃物空间分布等多方面因素导致的火焰加速传播，或形成爆燃等灾害性事故。

2. 大量有毒烟气的释放

起火物质毒性大，如保温材料、聚苯乙烯、聚氨酯、胶合板等。这些物质往往燃烧迅速，使人员来不及逃生，其燃烧速度与可燃材料的性质及摆放形式、建筑内空间大小、跨度情况和通风条件等密切相关。

3. 灭火系统失效

很多发生重特大火灾的场所，在火灾发生后，因为报警晚、灭火系统延迟启动或失效等原因，丧失了扑救火灾的最佳时机，导致了严重的后果。灭火系统失效的常见现象和原因总结如表1—2所示。

表1—2　重特大火灾事故中灭火系统失效情况的常见现象和原因总结

常见失效现象	失效原因
灭火器扑救初起火灾未果	人员操作不当或灭火器本身质量问题及未定期更换等
消火栓无水	市政管网问题或人员管理问题
自动喷水灭火系统无水或未启动	人员延迟操作，自动启泵功能关闭等
火灾探测报警系统未能及时报警	系统故障、先天缺陷或人员操作问题
灭火系统在火灾发生时处于关闭状态	消防器材设施维护管理不到位、日常巡查检查不经常，系统故障未能及时排除

4. 消防救援受限

消防救援受限包括以下几种：消防车通道被占用，致使消防车辆无法靠近着火建筑实施近距离灭火作战；报警延迟丧失最佳救援时间（因为起火现场人员不知报警，或对待报警信号不敏感导致确认延迟，或试图扑救初起火灾未果后才报警等情况）；建筑外墙广告牌和玻璃幕墙受高温炙烤大面积脱落，影响救援；消防部队和警力严重不足，消防装备器材量少质差，消防水源缺乏等。这些情况，都会影响消防部队的灭火救援工作，增加扑救难度，贻误救人、控火的最佳时机。

现有的火灾调查更多关注起火点的认定和火灾原因的认定，对于火灾致灾成因的分析较少涉及或虽有涉及但并不系统，也缺乏对火灾发展蔓延全过程的详细论述和解释，特别是对火灾发展蔓延并最终成灾的原因开展试验或模拟等技术分析的情况较少。为解决这一问题，我们需要切实开展火灾成因技术调查工作。

第二节　火灾调查的意义和内容

一、火灾调查的意义

火灾调查就是公安消防部门依照《中华人民共和国消防法》（以下简称《消防法》）等法律和规章，通过专门人员对火灾现场进行勘验、对有关人员进行调查询问和对火灾物证进行技术鉴定等工作，分析认定火灾原因，统计火灾损失，总结经验教训，并依法对火灾事故作出处理的过程。火灾调查是一项行政执法工作，其具有法律的严肃性，它是根据《消防法》赋予的权限，由公安消防部门依法履行职责的行为，是政府对社会实行公共安全管理的行政行为之一。火灾调查是我国公安消防监督管理工作的一项重要内容，也是一项专业性、技术性和政策性很强的工作。

随着我国经济建设快速发展，我国火灾事故的数量也进入了居高不下的阶段，全国各地相继发生了一批群死群伤的重特大恶性火灾事故，造成巨大的人员伤亡和财产损失，引起社会各界的广泛关注，打乱了当地正常工作、生活秩序。公安消防机构依靠社会各界力量，迅速开展了卓有成效的火灾调查工作，公开事故原因，追究事故责任，为平息火灾事故引发的社会震动，恢复当地正常的生产、生活秩序作出了贡献。

火灾调查要针对不同级别的火灾事故，根据火场痕迹特征、火灾物证、证人证言、物证鉴定结论以及相关推理分析等调查技术手段，对火灾事故原因进行调查。开展火灾调查的目的是查清引发火灾事故的原因，统计事故所造成的损失以及造成人员伤亡、财产损失灾害的成因，通过详细深入的火灾原因调查可发挥以下积极作用：①为国家提供精确的、时效性强的火灾信息和统计资料，为制定中长期的消防安全对策服务；②总结经验，避免同类火灾的发生，并为制定消防法规、技术规范等提供依据；③可以有效地指导防火工作、改进灭火措施；④可以为依法追究火灾责任提供证据；⑤为消防信息服务提供重要的素材和渠道；⑥分析、探索引发火灾及导致火灾蔓延的原因和规律，剖析引发火灾事故并造成火灾蔓延的产品、装置的技术或管理的缺陷，提高对火灾事故规律的认识水平和技术产品的防火水平与能力。

二、火灾调查的主要内容

火灾调查的任务即调查、认定起火原因，统计火灾损失，依法对火灾事故作出处理，总结火灾教训。

火灾调查过程中公安消防机构主要开展以下具体工作。

1. 现场勘验

针对火灾事故现场及其周边环境进行勘查，查找起火点、判断起火物质，查验火灾痕迹（燃烧痕迹、烟尘痕迹、炭化痕迹、材料熔融滴落痕迹、剥落及相关破坏痕迹）分析火灾发展蔓延过程，搜集相关火灾物证信息等。

2. 调查询问

调查询问包括对第一时间进入火场的消防队员的询问以及对目击证人的询问，了解火灾现场的相关信息、火灾场所的基本情况、环境气象信息、火灾发生前后的相关信息。

3. 技术鉴定

对火灾现场勘验的相关火灾物证、起火物质与材料开展测试分析与鉴定，确定相关物理化学以及燃烧特性。

4. 调查实验

主要包括实验室测试分析以及火场模拟实验两部分，即根据火灾现场建筑、环境、气象条件，对火灾现场燃烧物质进行实验测试与模拟分析。

5. 认定起火原因

通过现场勘验、调查询问以及有关技术鉴定、实验测试等分析工作，对火灾事故起火点及起火原因（直接原因和间接原因）进行认定分析。

6. 统计火灾损失

根据现场勘验与调查结果，依据我国统计的有关规定，对火灾事故所造成的人员伤亡、财产损失（直接财产损失和间接财产损失）进行统计。

7. 调查灾害成因

对火灾事故当中导致大量人员伤亡及财产损失的灾害事故成因进行技术调查分析。

火灾调查工作主要是搜集证明火灾事实的证据。通常，搜集证据的手段有以下几点：对火灾现场进行勘验以搜集实物证据（也包括痕迹物证），对有关证人、当事人（包括违法或犯罪嫌疑人）进行询问（讯问）以搜集言词证据，必要时还应对物证进行鉴定、检测，等等。所有这些搜集证据的活动，虽然手段不同，但它们是密切联系、环环相扣、相互印证、相互补充的。此外，火灾事实情况错综复杂、扑朔迷离，调查取证搜集到的大量信息也需要进行分析、整理、综合，并据此确定和调整调查方向，直至查明火灾事实。

第二章　火灾事故调查程序与前期准备

第一节　调查程序

一、管辖分工

火灾事故调查工作属于消防工作的一部分，因此除了《中华人民共和国消防法》第四条规定的，军事设施、矿井地下部分、核电厂、海上石油天然气设施以及森林、草原的火灾调查工作都是由其主管单位负责外，其他火灾事故调查工作都由公安机关消防机构负责。其中民航、铁路、港航发生的火灾事故由其公安机关消防机构负责调查，各地消防总队和支（大）队可以派员协助调查。为了确保火灾事故调查率和解决消防警力不足的问题，各地对火灾事故调查的管辖分工都有具体的规定：①发生在非消防安全重点单位或者住宅，且仅涉及一家单位或者一户居（村）民的；②未造成人员伤亡的；③直接财产损失在5 000元以下的；④起火原因清楚，当事人对记录无异议，且不需要出具火灾事故认定书的。

起火地不明确的，首先接警到场处置的公安消防支（大）队应联系相关支队研究确定，无法确定辖区分工的报总队防火监督部，由总队指定管辖。管辖分工未确定前，首先接警的支队应负责保护火灾事故现场。

二、简易程序

适用简易程序调查的火灾事故占火灾事故调查总数的绝大部分。简易程序调查是一种调查周期短、便于操作、归档材料少的火灾事故调查形式。

（一）适用范围

对适用简易程序调查的范围做了总体的要求，但在确定范围的直接财产损失数额标准方面明确是由省级人民政府公安机关来确定。一些省市除了明确直接财产损失数额标准外，还根据本地区实际，对适用简易程序调查的范围进行了细化和调整：①没有造成人员死亡、受伤的（指按人身伤害司法鉴定标准达到轻微伤以上的）；②直接财产损失10万元以下的；③当事人对火灾事故事实没有异议的（多户受灾、存在租赁关系或者涉及第三方赔偿的，所有当事人均应当签字确认）；④不属于电器设备内部故障或者燃气泄漏引发火灾的；⑤没有放火嫌疑的。

即增加了将容易引发赔偿和纠纷的电器设备火灾事故和燃气泄漏火灾剔除在适用简易程序调查范围之外的内容。

（二）工作要求

简易程序调查工作要求如下：

①适用简易程序的火灾事故调查可由一名火灾事故调查人员开展。

②为防止火灾事故调查工作有遗漏或不及时，应加强消防支（大）队简易火灾调查与派出所轻微火灾处置工作之间的衔接，明确工作制度和责任边界。

③适用简易程序的火灾事故调查可不填报《火灾直接财产损失申报统计表》，直接在《火灾事故简易调查认定书》中填写统计。但在涉及多户受灾或者有租赁关系时，火灾涉及的所有当事人均须发放《火灾直接财产损失申报统计表》，并做好发放登记工作。

④涉及多个当事人的，告知调查的火灾事实、听取当事人意见时，所有火灾涉及的当事人均应当通知到场，并在《火灾事故简易调查认定书》上签名确认。

⑤送达《火灾事故简易调查认定书》后两个工作日内将相关调查资料移交保管，并登录“消防监督管理系统”备案。

⑥适用简易程序调查火灾过程中，发现有不符合简易程序适用条件的，应当转为一般程序进行调查。

涉及两户以上受灾、存在租赁关系或者涉及第三方赔偿的，有任一当事人有异议或者无法通知到场的，应当转为一般程序。

（三）轻微火灾事故处置

1．接警处置

①公安分局指挥中心接到火警后，应立即指令火灾发生地所属公安派出所处警，同时通知辖区消防支队防火值班人员做好处警准备。

②所属公安派出所接到处警指令后，应立即派员携带有关勘验装备赶赴火灾现场处警，可以由一名民警开展调查工作，并做好记录。

③公安分局指挥中心根据接警信息或现场处置民警反馈信息，对已明确超过轻微火灾范围的火警，应立即通知辖区消防支队防火值班人员处警。

2．现场处置

①处警民警到达火灾现场后，应及时划定警戒范围，做好现场秩序维护和现场保护工作，协助消防部门开展灭火救援，并视情组织人员疏散。

②应及时开展调查访问工作，了解受灾单位或居（村）民户情况，并设法寻找相关人员，询问起火经过或发现火灾过程。

③应及时勘验火灾现场，注意发现证明起火原因、损失情况的重要痕迹物证，并通过照相等形式予以固定。

④对受灾单位或居（村）民户申报的火灾直接财产损失进行统计。

⑤对属于轻微火灾的，由所属公安派出所进行现场调查处置，填写《轻微火灾处置记录》，并要求受灾单位或户主签名确认。同时，处警民警应及时将现场调查处置情况上报所属分局指挥中心，并在受理后12h内将有关情况报告所属分局消防支队。

对不属于轻微火灾或当场无法判断的，以及火灾涉及重要人物、外籍人士、敏感区域（单位），或存在放火嫌疑的，应立即向所属分局指挥中心报告，并由指挥中心通知分局消防支队防火值班人员到场调查、处理，属地公安派出所专（兼）职消防民警协助调查。

公安派出所开展轻微火灾事故调查时，当事人提出需要《火灾事故认定书》的，公安消防支（大）队应当根据现场实际情况及时开展调查并出具法律文书。

⑥对由公安派出所进行现场调查处置的轻微火灾现场，由现场调查处置民警负责通知撤除现场保护措施。对其他火灾现场，由负责调查的消防部门负责通知撤除现场保护措施。

⑦所属公安派出所应协助相关政府部门、居（村）委会做好受灾单位或居（村）民户的有关善后工作。

3. 档案管理

火灾结案后，所属公安派出所应将调查访问笔录、现场照片、《轻微火灾处置记录》等相关材料统一归档，并于每月 5 日前将上月《轻微火灾处置记录》复印件报辖区消防支队备案。

《轻微火灾处置记录》仅是工作记录，不属于正式法律文书，如火灾事故涉及保险理赔、责任纠纷、民事诉讼等时，应转交公安消防支队调查处置。

三、一般程序

（一）适用范围

除适用简易调查程序的火灾事故外，其他火灾事故均采用一般程序调查。

（二）工作要求

一般程序调查工作要求如下：

第一，火灾事故调查人员不得少于两人。必要时，可以聘请专家或者专业人员协助调查。

第二，对封闭火灾现场，消防支（大）队应向当事单位（人）填发《火灾现场保护告知单》，并在火灾现场主要出入口或醒目位置张贴《封闭火灾现场公告》，将封闭的范围、时间和要求等予以公告。

第三，火灾事故调查时限为自接到火灾报警之日起 30 日内作出火灾事故认定；情况复杂、疑难的，经上一级公安机关消防机构批准，可以延长 30 日。火灾事故调查中需要进行检验、鉴定的，检验、鉴定时间不计入调查期限。

第四，适用一般程序火灾事故调查应至少开展如下工作：

①调查询问火灾事故当事人、责任人和相关证人，制作相应询问笔录。

②勘验火灾事故现场，并通过制作现场勘验笔录、拍摄照片或录像、绘制现场图等予以记录。对勘验过程中发现的痕迹物证依法予以提取，需要进行技术鉴定的，应及时向专门鉴定机构送检。

③向受灾单位或个人发放《火灾直接财产损失申报统计表》，并在《发放登记单》上记录，根据申报和现场情况，依法对火灾事故直接经济损失进行统计。

④向受灾单位或个人通报说明火灾事故调查情况，制作并送达《火灾事故认定书》。

⑤依法追究火灾事故中相关单位、人员的行政、刑事责任，对符合消防刑事案件立案标准的火灾事故应启动立案侦查程序。

四、部门协作

（一）与安监部门的协作

安监部门与消防部门在处置火灾事故或生产安全事故时存在交集：一是在调查处置火灾类生产安全事故方面；二是在调查处置火灾与爆炸、燃气事故方面。

1. 火灾类生产安全事故

生产安全事故是指生产经营单位在生产经营活动（包括与生产经营有关的活动）中突然发生的，伤害人身安全和健康的，或者造成经济损失的，导致原生产经营活动（包括与生产经营有关的活动）暂时中止或永远终止的意外事件。其中生产经营单位是指从事生产活动或者经营活动的基本单元，既包括企业法人，也包括不具有企业法人资格的经营单位、个人合伙组织、个体工商户和自然人等其他生产经营主体；既包括合法的基本单元，也包括非法的基本单元。从事农业、工业、商业活动的生产经营单元都属于生产经营单位。生产安全事故还具有过失性，即应存在人为过失或工作环境不良、设备隐患等原因的过失行为。由于大风、洪水、雷电等不可抗力造成的灾害不属于生产安全事故。

生产经营单位以火灾形式发生的生产安全事故，既是火灾事故，也是生产安全事故。根据管辖分工，火灾类生产安全事故由消防部门负责调查处置。

根据国家关于生产安全事故统计信息归口直报工作的有关要求，消防部门应对符合标准的火灾类生产安全事故根据统计直报工作的要求及时向安监部门统计报送。

2. 燃气、化学爆炸事故

在与其他生产安全事故区分定性时，火灾事故与燃气事故、化学爆炸事故，容易混淆。其中燃气事故，是指燃气在输配、储存、销售、使用等环节中发生的泄漏、火灾、爆炸等事故，以及因其他突发事件衍生的燃气事故。化学爆炸，是指物质在短时间内以极高的速度进行放热化学反应，形成其他物质，产生大量高温、高压气体和能量而引起的爆炸现象。化学爆炸和燃烧的主要区别仅在于燃烧的速率。在实际事故中，很难还原和测定事故燃烧的速率。为便于化学爆炸或火灾的事故定性，通常事故现场符合以下条件的即可初步判断为化学爆炸事故：一是事故发生时有巨大声响；二是现场有明显位移的抛出物；三是现场建筑构件或物品有受爆炸冲击波作用造成机械力破坏的痕迹。

事故需要经过调查分析才能准确分类定性，因此，发生上述事故应及时通知安监、燃气部门共同参与调查，及时确定事故性质，并按照国家和地方执行的管辖分工标准，明确主责管辖部门。

（二）与刑侦部门的协作

根据规定，对有人员死亡的火灾，国家机关、广播电台、电视台、学校、医院、养老院、托儿所、幼儿园、文物保护单位、邮政和通信、交通枢纽等单位和部门发生的社会影响大的火灾，具有放火嫌疑的火灾，都应启动消防、刑侦协作机制。消防、刑侦协作主要包括以下几个方面。

1. 有人员死亡的火灾

消防部门应立即通知本级公安机关刑事科学技术部门进行尸体检验，并出具尸体检验鉴定文书，确定死亡原因。

2. 有放火嫌疑的火灾

第一，应第一时间按协作程序通知刑侦部门共同参与调查，及时互通案情，确定火灾性质。应当防止因没有及时通知刑侦部门，造成错失有利调查时机而工作被动的局面。火灾性质未确定前，现场调查以消防部门为主，刑侦部门重点做好核查放火嫌疑线索等工作。

第二，经调查，由消防部门做出火灾事故认定，排除放火嫌疑的，由刑侦部门出具刑侦调查情况，并将全部调查、检验鉴定等案卷材料移交消防部门后，方可撤出现场，终止调查工作。

第三，经调查，对涉嫌犯罪的，消防部门应启动案件移送程序，向刑侦部门移交所有调查材料和现场，由刑侦部门审查后确定是否立案。如刑侦部门决定不予立案并退回移送的，应当根据前期调查情况，继续开展补充调查，并依法做出火灾事故认定。

（三）与交警部门的协作

机动车辆因碰撞、刮擦、翻覆直接导致燃烧的，按交通事故统计，由交警部门负责处理。机动车辆在停放状态或行驶过程中人为不慎或本体故障等原因发生燃烧的，按火灾事故统计，由消防部门负责处理。机动车辆火灾定性时，应加强与交警部门的沟通协作。特别要注意，一些未投保自燃险的车主为获得保险公司理赔，故意欺骗调查人员将车辆火灾描述成交通事故引起燃烧的情形。定性为交通事故的车辆燃烧事故，如交警部门提出工作需求，消防部门可协助调查分析引发燃烧和蔓延扩大的原因。

（四）与出入境管理部门的协作

火灾事故涉及外国人的，应及时向当地公安出入境管理部门报备。如涉案外国人是当事人、重要证人或责任人时，为及时、准确地获得事故相关信息，可向公安出入境管理部门申请第三方口语翻译配合制作询（讯）问笔录。

（五）与公安其他部门的协作

调查火灾事故中需要公安其他部门提供协作支持的，比如调阅治安监控视频录像、查阅嫌疑人犯罪前科等需要治安部门配合的；调阅道路交通监控视频录像需要交警部门配合的；调查火灾相关人员上网活动情况需要网安部门配合的；调查涉案企业保险、财务状况需要经侦部门配合的，等等，消防部门应及时向共同的上级公安机关提出申请，经同意后依法开展协作。

（六）与气象部门的协作

调查与气象条件相关的火灾事故，如雷电火灾、与风力风向相关的飞火火灾、与空气湿度相关的静电火灾、与气温相关的易燃易爆危险品火灾等，可向气象部门申请某时某地的气象记录证明材料。在发生雷电灾害引发的火灾事故时，消防部门应及时通知气象部门参与调查，气象部门应协助消防部门对雷电火灾进行调查评估和成因鉴定。

第二节　初期处置

一、接处警程序

（一）公安派出所接处警

所有火灾事故，辖区公安派出所都要派员参与调查处置。当接到公安分局指挥中心出警指令后，辖区公安派出所应立即通知值班民警或消防专兼职民警处警，赶赴现场开展火灾事故调查工作。属于轻微火灾事故的，即自行开展调查处置；不属于轻微火灾事故的应立即通知辖区消防支队处警，并保护火灾现场和协助做好相关调查工作。

（二）消防支（大）队接处警

除轻微火灾事故以外的火灾事故，消防支（大）队都应当派员调查处置。当接到公安分局指挥中心出警指令或公安派出所通知后，消防支（大）队防火值班员应及时处警调查。通常第一出警的防火值班员为主责调查人员，分管起火地区的消防监督员协助配合。消防支（大）队也可以指定主责调查人员，或者视情调派其他消防监督员协助配合。调查中，发现火灾事故属于消防总队调查的，应立即通知消防总队处警，并做好火灾现场保护工作和初期调查工作。

（三）消防总队接处警

火灾死亡 3 人以上，重伤 20 人以上或者死亡、重伤 20 人以上，受灾 50 户以上，或直接财产损失预估超过 5 000 万元的，消防总队应当派员调查处置。当接到消防总队指挥中心出警指令后，总队防火监督部火灾调查处应及时派员处警调查。

（四）加强处警的情形

对于重大活动、重大节日庆典等重要时间节点发生的火灾事故，或事关国计民生的单位场所发生的火灾事故，或易造成重大社会影响、易被舆论炒作的火灾事故，应当提高接处警等级，加强火灾事故调查处理力量，确保迅速、准确地查明火灾事故原因。

二、处警准备

（一）装备和文书

为保证开展火灾事故调查的工作需要，处警人员应当按照国家《消防监督技术装备配备》（MGB 25203－2010）中火灾现场勘验类装备配备标准，携带必要装备赶赴现场开展工作。同时应携带相关文书材料，包括《封闭火灾现场公告》《火灾事故简易调查认定书》、询（讯）问笔录纸、《火灾直接财产损失申报统计表》《火灾痕迹物品提取清单》等。

（二）个人安全防护

火灾事故调查人员在火灾现场经常需要面对倒塌、穿刺、坠落、触电以及吸入有毒有害物质等危险，采取必要的安全防护措施，进入火场必须佩戴好个人防护装备，这是防止调查人员人身伤害和保证职业健康的一项重要的安全工作。以公安部天津消防研究所研制的火灾现场勘验个人防护装备为例，火灾现场个人安全防护主要针对易受危害的头部、眼面部、呼吸系统、手部和腿脚，配备有头盔和防护软帽、护目镜和面罩、呼吸面具和口罩、防割手套和一次性手套、火场勘查靴等。未配备火灾事故调查专业个人防护装备的消防部门，也应购置相应的类似防护产品以确保火灾事故调查人员的人身安全。

三、初期工作

（一）消防队工作

主战消防队在实施灭火战斗时，应注意为之后的火灾事故调查工作提供以下必要的支持：①在确保灭火战斗的基础上，尽可能减少对火灾现场痕迹物证的破坏，及时使用摄像机、照相机等记录火灾现场的原始情况；②有尸体的火灾现场，在搬动前应照相、录像，或记下尸体发现时的部位、姿态、衣着、烧伤部位和烧伤程度等信息；③对道路车辆火灾，应记录车主或驾驶员的姓名和联系方式，防止事故车辆被拖走后，火灾事故调查人员无法及时找到当事人。

（二）公安派出所工作

公安派出所初期工作内容如下：①配合消防部门开展火灾现场保护工作，维持火灾现场秩序，防止无关人员进入和火灾现场被破坏；②协助消防部门排摸、查找火灾事故相关的当事人、证人、责任人或犯罪嫌疑人。

（三）主责调查人员工作

主责调查人员工作内容如下：

第一，第一时间了解掌握火灾基本情况，及时按要求向指挥中心或上级部门汇报火灾信息，并分析确定火灾性质，如符合案（事）件移交或启动部门协作机制的，应及时通知相关部门。

第二，由于火灾和后期灭火救援工作的影响，火灾现场经常存在可能危及火灾事故调查人员人身安全的危险隐患，因此，在进入现场调查前，应首先评估火灾现场和勘验工作的危险因素。只有在危险因素被排除或穿戴个人防护装备可防护安全风险的情况下，方可进入现场开展工作。

第三，有人员伤亡火灾，应及时查明伤亡人数，防止遗漏；查明伤亡人员火灾现场的位置、基本信息和家属情况等；有伤员就医的，应及时掌握伤员伤势情况，条件允许的，应及时开展笔录询问。

第四，走访受灾单位、受灾户的在场人员以及周围围观群众，及时确定下一步的询问对象，组织力量开展调查询问。

第五，使用照相机和执法记录仪固定火场原始状态，并开展初步勘验调查，对易破坏、易灭失的痕迹物证应第一时间摄（录）像固定或提取封存。

第六，查看火场内外有无视频监控，第一时间查看并提取封存视频监控数据资料。

（四）信息报送

为确保各级公安消防部门及时掌握重大、有影响火灾事故情况，以便更好地处置和应对火灾事故，公安部建立了火灾信息报送制度。2014 年专门制定出台了《火灾信息报告规定》（XF/T 1192—2014）的国家技术标准，规范了报送行为。一般火灾信息报送工作应当坚持按速报情况、慎报原因、及时续报的工作原则开展。

二、倒塌痕迹

（一）倒塌痕迹形成机理

火灾中建筑结构和建筑构件的倒塌或破坏，主要是由于燃烧、高温、外部震动、冲击等作用引起的。如木梁或木柱起火燃烧，表面炭化，削弱其荷重的截面面积，当不能再承受其原有全部荷重时，结构便会倒塌；钢结构受热后，大约在 300℃时强度开始下降，500℃时可能失去 1/2 的强度，600℃时，就失去了 2/3 的强度，随着局部的破坏，造成整体失去稳定而破坏；预应力钢筋混凝土结构遇热，失去预应力，从而降低结构的承载能力；花岗岩砖石砌体因受火作用，内部石英、长石、云母不同的热变性而碎裂。此外，建筑物内部爆炸的冲击和震动，上部结构倒塌落在楼板上，或灭火积水无法排除，或楼板上的物质大量吸水等，也是结构倒塌或破坏的原因。

火灾中室内可燃物品的倒塌或破坏，主要是由于火灾初期阶段，火势发展较弱，难以使可燃物品全面燃烧起来，一般其距火源近的部位或受热面首先被加热燃烧而强度降低，失去平衡，向失去支撑的一侧倒塌掉落。尤其是室内的桌子、椅子等带腿的家具以及比较高的箱体等，如果由某一方向的低处首先烧起来，这一侧的桌腿和箱体的侧板先破坏而失去支撑力，其余失衡部分便倒向该侧，因此其倾倒方向可用于指明火势蔓延方向或起火点方向。

（二）倒塌痕迹基本特征

不同建筑构件材料以及室内物品均具有自身的燃烧性能和耐火极限，在不同火灾条件下，也会呈现不同的变形和倒塌形式，有的是局部的破坏，有的是局部倒塌造成全面倒塌，有的是迅速全面倒塌，倒塌形式、塌落堆积状态各不相同。但通常倒塌的方向和层次遵循一个基本规律，即都向着起火部位或迎着火势蔓延的来向倒塌掉落。因此，火灾调查人员在现场勘验中，可参照它们火灾前后的位置和状态变化，通过对比判定出倒塌方向，然后沿着这个方向逐步寻找火势蔓延方向，最终确定起火部位和起火点。

鉴别倒塌痕迹时，对倒塌物体表面形态变化的鉴别并不是主要内容，核心问题是要抓住物体在火场热作用下，由原来位置向失重的方向发生移位、转动的事实。现场勘验实践表明，火灾过程中一些物体和建筑构件发生倒塌掉落的原因与火场热作用密切相关，主要表现在首先受热燃烧部位的破坏程度上，只有根据倒塌迹象分析出力失衡的原因，揭示出倒塌机理，才有可能弄清火灾发生、发展的过程。

（三）倒塌痕迹的证明作用

1．建筑构件倒塌痕迹的证明作用

（1）一边倒形倒塌痕迹

一边倒形倒塌痕迹是指多个物体中某一个物体的某一侧面或某一面先受热被烧倒塌，使物体体系被烧失去平衡后，都向着这个倒塌物体的一个方向，逐个倒塌的一种倒塌形态。单一物体的倾倒也是典型的一边倒表现形式。其通常证明起火部位在最先被烧物体或压在最下一个物体的前倒部位。也就是说，火势蔓延方向与倒塌的方向相反。例如，土木建筑或砖木建筑的木房架，当起火部位在房屋两侧山墙或墙间附近时，这个部位的房架先被烧断，使该处屋顶局部先行倒塌，造成相邻房架失去平衡，朝着这个方向一个压一个地倒塌，形成一面倒形倒塌痕迹，这时起火部位就被压在倒塌的最下层房架的前方部位。

（2）斜面形倒塌痕迹

斜面形倒塌痕迹是指一个或多个物体以某一侧或一面为轴心，向另一侧（面）整体倾倒或塌落，形成倒塌面呈斜面形的一种倒塌形态。起火部位往往在斜面的低点处，斜面低点方向指向火势来向。例如，木屋架以某一侧支座墙体或柱子为轴发生倒塌，起火部位在屋架的倾倒下端处；木箱、钢屋架、卷帘门、货架等平面支撑的平衡体系均可在适当的情况下，发生斜面形倒塌。斜面形倒塌痕迹与一边倒形倒塌痕迹的区别，在于一边倒形倒塌痕迹一般指多个物体，都朝着同一方向一个压一个地依次倒塌，倒塌的轴心是移动的。

（3）两头挤形倒塌痕迹

某些具有共同间壁，并依靠间壁支撑房顶的建筑物，当间壁首先被烧毁，受其支撑的两边的檀条及房顶建筑材料就倾向中间倒塌，呈现两头挤形，这种倒塌形式也称为交叉形倒塌痕迹。依靠前后墙支撑的三角形屋架建筑，在其中部起火时，若起火部位的屋架先行塌落，两边的屋架有时可能倒向先行塌落的地方，也呈现两头挤的形式。这种倒塌方式说明中间部位即交叉的部位首先受热破坏，这一部位下方很可能对应着起火点。

（4）旋涡形倒塌痕迹

由于火场中心的支柱首先被烧毁，受其支撑的物体从四面向支柱倒塌，呈现旋涡状。因此，这种倒塌形式的中央就是起火点所在的部位。

2. 室内物品倒塌痕迹的证明作用

（1）根据支点类物体倒塌痕迹证明

室内的桌子、椅子等带腿的家具，如果火灾从某一方向的低处蔓延过来，这一侧的桌腿首先破坏而失去支撑力，其余部分便倒向该侧，因此倾倒方向可以指明火势蔓延方向或起火点的方向。如果家具完全被烧毁，则应注意该家具上原来摆放的不燃物品，如烟灰缸、台灯座、小闹钟等，被抛离的方向是与家具的倾倒方向一致的。

（2）根据平面类物体倒塌痕迹证明

火灾中这类物体发生倾倒，主体倒塌方向是指向起火部位或火势蔓延方向的。体积较大的木质纤维类物质堆垛（如棉布垛等），若其中部出现空洞塌陷，四周的单个物体向这个部位倾倒，说明起火点在堆垛中心部位。

3．塌落堆积层的证明作用

塌落堆积层是建筑构件和室内物品燃烧后塌落形成的，这种倒塌掉落有先后顺序，因此火场中的塌落堆积层具有明显的层次。一般来说，物品掉落的顺序与被破坏顺序相同。

由于起火点所处现场空间层次的不同，燃烧垂直发展蔓延的顺序、建筑构件和物品塌落的先后、堆积层的层次、各层次上的燃烧痕迹也就不同。这些痕迹的差异，为分析确定起火点所在的现场立面层次提供依据，可以判断起火部位、起火点。

起火部位的物品首先被破坏、掉落，一般处于堆积层的底层。起火点位置较高时，由于火势向下蔓延较慢，在起火物炭化、灰化痕迹下面可能会残留一些未被破坏的物品。

第三节　调查访问

一、火灾调查询问的概念、作用与原则

（一）火灾调查询问的概念

人们头脑里留下了对火灾发生、发展及整个过程的记忆痕迹。为了查明火灾原因，除了要认真勘验火灾现场、提取实物证据外，火灾调查人员必须向火灾的知情人询问有关火灾情况，获取火灾的线索和证据材料。

火灾调查询问是指火灾调查人员用口头提问的方式向证人、被侵害人查询案情的活动，根据询问结果所制作的询问笔录是法定证据之一。

询问不仅是火灾调查中的一种最基本、最常用、最重要的调查手段和取证方法，也是一种特殊的心理交往方式和一项严肃的执法活动。

（二）火灾调查询问的作用

1．提供线索，为现场勘验提供方向

火灾现场情况十分复杂，尤其是燃烧和破坏严重的现场，有时仅从现场的痕迹上很难确定起火部位。即使通过现场勘验能够得出正确的结论，也需

耗费较多的人力和时间。如果找到一个或几个发现起火较早的人进行询问，就可以获得有价值的情况，使勘验范围缩小，加快勘验工作进程。

2. 验证现场情况

火灾是一个动态的过程，而现场残迹仅仅是最终的一幕。现场上各种痕迹是如何形成的，单从现场勘验很难说清楚。通过询问，了解现场上每个人所掌握的信息，去粗取精、去伪存真，并加以分析、比较，就能对现场上各种痕迹物证或现象有一个科学合理的解释。

3. 有助于发现和判断痕迹物证

由于火灾的当事人、证人等对起火前现场的情况比较熟悉，可以帮助火灾调查人员了解现场情况，如现场原有物品的种类、数量、性质以及位置关系，生产设备、工艺条件及故障情况，火源、电源的使用情况等，这些信息有助于查找起火源和发现起火的证据。

4. 有助于分析判断案情

通过询问，既可以了解现场的人、物、事以及相互关系的详细情况，也可以了解火灾发生时群众的所见所闻，这些信息和现场勘验获得的材料都是分析火灾案件情况的重要依据。

5. 固定证据

询问本身就是取证过程，询问后，依法制作询问笔录，可以使证人、当事人的陈述成为永久的证据。

（三）火灾调查询问的原则

火灾调查中，询问工作必须遵循的原则具体分为以下几个方面。

1. 个别询问原则

我国法律明确规定，询问证人和火灾肇事嫌疑人应当个别进行。同一起火灾案件有两个以上证人时，每次询问只能对一个证人进行，其他证人或无关人员不能在场。不得把几个证人召集在一起进行集体询问，更不能采用开座谈会或集体讨论的方式。

2. 依法询问原则

火灾调查是一项严肃的执法工作，整个过程都必须依法进行，调查询问当然不能例外。依法询问就是在火灾调查中必须按照法律法规的有关规定对询问对象进行询问。我国相关法律法规对火灾证人、被侵害人和肇事嫌疑人的询问作出了许多明确的规定。

严格坚持依法询问的原则是确保询问活动和询问结果合法性和客观性的基本保证。

3. 及时询问原则

在火灾调查过程中，一旦发现知情人应当及时进行询问，尤其是对那些重要知情人、流动性较强的知情人以及伤病情严重的知情人更应当立即进行询问。坚持及时询问原则，一是可以防止询问对象遗忘案情，趁其记忆清晰，及时收集到可靠的证言；二是可以防止询问对象可能受到某些消极因素的影响，发生拒证和伪证现象；三是防止询问对象出走或死亡，失去收集证言的条件。

二、询问的对象与内容

（一）对火灾被侵害人的询问

火灾被侵害人是指由于火灾的发生，在经济上、生理上遭受损失和创伤的人。

1. 对火灾被侵害人询问的内容

①用火用电、生产作业的详细过程。有无本人因生产、生活用火用电不慎，疏忽大意或违反安全操作规程引起火灾的可能；火灾发生时及火灾前当事人在何处、做何事，肇事前后的主要活动。

②起火部位起火物堆放情况，包括物品的种类、数量及与火源的距离。

③起火过程及扑救情况。

④受伤的部位、原因。

⑤对于居民火灾，还要了解与邻居的关系，考虑有无私仇或其他放火的可能。

2. 向受灾单位（法人）了解的情况

①对起火原因的看法，提供可疑人、重点人员情况。

②起火前有无火灾隐患及整改情况。

③过去发生火灾及其他事故的情况。

④安全制度的执行情况。

⑤火灾损失情况。

（二）对证人的询问

火灾中的证人是指了解火灾发生、发展等有关情况，生理或精神健康，能够辨别是非，并能正确表达的人。

1. 向最先发现火灾的人和报警人了解的情况

①发现起火的时间、地点，最初起火的部位及证实起火时间和部位的依据等。

②发现起火的详细经过。即发现者在什么情况下发现起火的，起火前有什么征兆，发现起火时主要燃烧的物质以及火灾的声、光、烟、味等现象。

③发生火灾后，火场的变化情况，如火势蔓延的方向、燃烧范围、火焰和烟雾颜色变化情况等。

④发现火灾后所采取的施救措施，如是否进入过现场，如何对火灾进行扑救和抢救生命财产的，进入现场的路线及使用的工具等。

⑤发现火灾时还有何人在场，是否有可疑的人出入火场，有什么可疑情况，还有谁知道这些情况。

⑥发现火灾时的电源情况，如电灯是否亮、闪动，设备是否转动，音响设备是否正常等。

⑦发现火灾时的天气情况，如风向、风力等。

⑧报警时间、地点、报警电话号码及报警过程。

2. 向最后离开起火部位或在场人了解的情况

①离开起火部位之前是否吸烟或动用了明火，生产设备运转情况，本人具体活动内容、地点及路线。

②离开时，火源、电源处理情况，是否关闭燃气源、电源。附近是否有可燃、易燃物品及其种类、性质、数量。

③在工作期间有无违章操作行为，是否发生过故障或异常现象，采取过何种措施。

④其他在场人员的具体位置和活动内容。例如，何时为何离去，有无他人来往，来此目的，具体的活动内容及来往时间、路线。

⑤离开之前，是否进行过检查，是否有异常气味和响动，门窗关闭情况。

⑥最后离开起火部位的具体时间、路线、先后顺序，有无证人。

⑦对火灾原因的见解和依据。

3. 向熟悉起火部位周围情况及生产工艺过程的人了解的情况

①起火建筑物的主体结构、平面布置和建筑耐火等级，每个房间、车间的用途，车间内的设备及室内陈设。

②火源、电源情况。火源分布部位及与可燃物的距离，是否出现过异常情况，是否采取过防火措施；架（敷）设电气线路的部位；电线的型号规格、质量、使用年限；是否有私拉乱接、电线破损、接触不良等情况；线路负荷是否过载，有无发热现象和出现异味；近期检查、修理、改造情况；机械设备的性能，使用情况和发生的故障等都应了解清楚，以便推断出可能起火的物体和设备。

③起火部位存放、使用的物资、材料、产品情况，包括各种物质的种类、数量、相互位置。重点是查明室内有无不宜混储的化学物品，可燃性物品与火源、热源的位置关系，室（库）内通风、湿度、温度情况，是否漏雨、漏水等。

④有无火灾史。曾在什么时间、部位、地点，由于什么原因发生过火灾或其他事故，事后采取过什么措施。

⑤设备及生产工艺情况，以往生产及设备运转情况。

⑥有无防火安全制度、规定和操作规程，实际执行情况如何。

⑦有无不正常的现象，如设备、控制装置及灯光闪动、异响、异味等。

4. 向最先到达火场救火的人了解的情况

①到达火场时，火势发展的形势和特点，如冒火、冒烟的具体部位，火焰、烟雾的颜色、气味。

②到达火场时，火势蔓延到的位置和扑救过程。

③进入火场、起火部位的具体路线。

④扑救过程中是否发现了可疑物件、痕迹及可疑的人进出现场情况。

⑤起火单位的消防器材和设施是否受到破坏。

⑥起火部位附近在扑救过程中火势如何，是否经过破拆和破坏，原来的状态如何。

⑦采用何种灭火方式，用的哪种灭火剂，效果如何。

5. 向值班人员了解的情况

①交接班时间、记录。

②检查情况、检查时间、检查部位、检查路线、检查次数，是否发现异常及处理情况等。

③用火用电情况，如本人吸烟、照明情况等。

④发现起火经过、火势情况和采取的措施。

⑤值班、巡逻制度、措施。

⑥有无人员出入及具体时间。

（三）对火灾肇事嫌疑人的询问

第一，用火用电、操作作业的详细过程。包括有无因本人生产、生活用火用电不慎，疏忽大意或违反安全操作规程引起火灾的可能；火灾当时及火灾发生前肇事嫌疑人在什么地方、什么位置，火灾前后的主要活动。

第二，起火部位起火物堆放的情况。包括现场物品的品种、数量、理化性质及与火源的距离等。

第三，起火过程及初期扑救情况。

第四，本人在火灾中受伤的身体部位及原因。

第五，社会关系、邻里关系如何，有无私仇等。

（四）对其他知情人的询问

1. 向目击证人和周围群众了解的情况

①起火前后所看到的情况，如发现起火的部位、范围、火势情况，起火前，火源、电源的异常情况，是否发现可疑物和人。

②群众对火灾的议论和反映。

③火灾当事人的有关情况，如政治、经济、作风和思想品德，家庭和社会关系，火灾前后的行为表现等。

④过去发生火灾及其他事故和案件的情况。

2. 向公安机关消防机构有关部门和人员了解的情况

①到达火场时，燃烧的实际位置及蔓延扩大情况，如最先冒烟、冒火部位，倒塌部位、燃烧最猛烈和终止的部位等。

②燃烧特征，如烟雾、火焰、颜色、气味、声响等。

③扑救情况，如水枪部署位置和堵截的部位、放弃的部位。

④扑救时出现的异常现象，如气味、响声。

⑤采取的措施。开启和关闭阀门、开关、门、窗，开启地板、墙壁、屋

顶、天棚洞孔情况和具体部位。

⑥到达火场时，门、窗关闭情况，有无强行进入的痕迹。

⑦断电情况。到达现场时，照明灯是否亮，机器是否运转等。

⑧设备、设施损坏情况，如输送气体、液体的管道和阀门状态，电气设备、用电器具改动情况等。

⑨是否发现起火源或其他火种、放火遗留物（瓶子等容器、棉花、布团、火柴、打火机等）。

⑩到达火场时，其他人员活动情况，如扑救火灾、抢救物品等情况，人员被火围困情况。

⑪抢救人员经过和死者的位置、状态。

⑫在场人员反映的有关情况。

⑬接火警时间、到达现场时间。

⑭天气情况，如风向、风力。

三、询问的方法与技巧

询问过程中询问人员应该就不同场合、不同询问对象，针对不同的火灾有目的、有计划地遵循一定的询问方法和技巧进行调查询问，取得有价值的言词证据。

（一）询问的要求

不同的火灾，发生火灾的原因不同，询问的对象不同，询问并没有固定的模式和方法。但是，就火灾调查工作的特点而言，根据长期大量火灾调查实践，在询问过程中应遵循下列几点基本要求。

1. 明确询问目的

火灾调查的首要任务是查明火灾原因，因此在询问过程中，要始终围绕这一中心任务而开展调查工作。询问的主要目的是恢复火灾现场原貌，为查明火灾原因奠定基础。在这个阶段，要避免由于过多强调火灾责任，使询问对象产生种种顾虑，而不愿谈及火灾现场情况和提供重要信息。

2. 抓住中心和重点

根据询问对象的情况及与火灾的关系拟定问话提纲、提问顺序和提问方式。询问时，应当用询问对象最容易理解的言语，提出明确、具体、简要的问题，以避免询问对象由于误解而作出错误和不真实的叙述。向同一个人了解同一件事，应尽量争取一次调查解决问题。在询问中，切忌没有重点、盲目设问，甚至出现让询问对象牵着走的现象发生。即对每个询问对象提问要点和要获取的信息做到胸中有数对于询问对象讲述不清或者有意回避的问题要反复追问，促使其讲述清楚。

3. 讲究谈话艺术

在询问前，先了解一下询问对象的情况，如询问对象的年龄、职业、受教育程度、家庭情况、社会关系等。在询问中，调查人员要讲究谈话方式方法，平等待人，尽力创造一种和谐氛围，使询问对象能够畅所欲言，尽量多提供一些有用信息，避免以执法者自居，居高临下，使人产生逆反心理，影响询问的质量。

（二）询问前的准备工作

1. 寻找确定询问对象

询问对象中的被侵害人、报警人及扑救人员一般容易确定，而除此之外的知情人的确定较为困难。确定知情人的方法有以下几点：①在现场周围围观的群众中寻找知情人；②在现场周围居住的人中寻找知情人；③在现场附近工作、学习及经营人员中寻找知情人；④在当事人的社会关系中寻找知情人。

2. 全面熟悉火灾情况

为弄清火灾的真实情况和存在问题，明确询问和查证工作的方向，为分析、研究案情和火灾肇事嫌疑人的心理及制订询问计划打好基础，火灾调查人员应全面了解、熟悉整个火灾情况，这是询问能否获得成功的基础。一般情况下，必须了解的火灾情况包括以下内容：①火灾基本情况，包括火灾发生的时间、地点、火灾现场情况、扑救情况等；②询问对象的情况，包括姓名、年龄、民族、籍贯、住址、职业、文化程度、家庭状况、社会关系、个人简历、有无前科等；③现场勘验情况，包括起火范围、部位、现场电源与火源、火灾损失情况等。

3. 分析询问对象的心理

（1）对证人的心理分析

证人的范围比较广泛，凡是直接、间接了解火灾案件情况的人都可能成为证人，其成分比较复杂，心理状态也比较复杂。常见的有如下几种心理状态：①主动作证心理；②不愿作证心理；③伪证心理。

（2）对火灾被侵害人的心理分析

火灾发生后，一般地，出于自我保护意识，大部分被侵害人往往希望最大限度地挽回损失，惩处肇事者；也有的为了保险索赔需要，故意夸大火灾损失数额，隐瞒火灾的真正原因和对己不利的情况；个别的还趁机冤枉、陷害自己的仇家，等等。在接受询问时，其心理状态有：①恐惧不安心理；②愤怒心理；③沉闷心理。

（3）对火灾肇事嫌疑人的心理分析

火灾的发生固然有很多偶然的因素，但麻痹大意、心存侥幸、冒险甚至是报复心理通常是酿成火灾的原因，一旦发生火灾，火灾肇事嫌疑人为了逃避惩处，往往会利用各种方法拒绝交代火灾案件的真相。火灾肇事嫌疑人对于询问，在心理上大多数都有准备。首先他们对火灾责任的敏感性使其在询问开始时就多少认为火灾调查人员正在怀疑他们是责任者；其次就是开始考虑如何对付火灾调查人员的询问，进而去想如何使自己从火灾事故中脱身。在实际的火灾调查中，有两种情况：其一是火灾事故较为简单、损失较少，火灾原因和火灾责任比较清楚，而且证据确凿，火灾肇事嫌疑人无法辩驳而如实坦白；其二是火灾原因较为复杂，火灾损失巨大，有关责任和起火原因尚未查明，证明起火原因和火灾责任的证据不足。此种情况下，火灾肇事嫌疑人的心理状态主要有如下六种：①恐惧心理；②侥幸心理；③抗拒心理；④寄托心理；⑤戒备心理；⑥恐慌情绪。

4．拟定询问提纲

根据火灾调查的具体情况和调查人员的询问特点来决定询问提纲的具体内容。不同的火灾情况，制订的询问计划也不同。调查人员的询问风格、方式和方法不一样，制订的询问计划也有所不同。但无论什么样的询问计划，都应当具备以下基本内容。

（1）简要案情

一般来说，简要案情主要包括发现火灾情况、火灾扑救情况以及初步现场勘验情况等。

（2）询问的目的和要求

询问的目的就是通过询问要确定发现和发生火灾的时间、事实、损失结果、起火部位、起火点、起火原因等。在具体的询问过程中，每一次询问要达到的目的各有不同，因而询问的具体要求也不尽相同。在询问前，调查人员要明确在本次询问中要达到什么目的，重点了解什么问题，有哪些要求。

（3）确定询问对象

调查人员要弄清哪些人曾经感知过火灾现场情况，通过询问哪些人员来加以核实。同时，要了解询问对象的基本情况及其与火灾的关系，分析有无作伪证、拒不提供证据的可能以及每一个询问对象可能知道的情况和了解的程度。

（4）确定询问对象的顺序

为了确保询问工作的顺利进行，应当把询问对象的顺序确定下来，及时开展询问。

（5）确定询问的时间和地点

除紧急情况需要现场进行询问外，调查人员应当事先选好恰当的时间和地点进行询问。

（三）询问中的技巧与方法

询问过程中，应根据不同的对象，采取不同的询问方法。

1. 针对不同询问对象的询问技巧

（1）对火灾被侵害人及其他利害关系人的询问

火灾被侵害人及其他利害关系人与火灾处理的结果有直接或间接的关系，在心理上具有接受询问的积极性和主动性，询问时一般不必过多启发教育，可让其自由陈述。当然，他们是具体火灾的被侵害人，受火灾的影响、刺激较多，在陈述时可能有事实情节失实、夸张的一面，所以，应特别注意其陈述的语气、表情、用词等，分析是否有虚假陈述的一面。在陈述完毕后，还可让其复述一些重要情节或调查人员认为应当复核的问题，以此进一步判断陈述的真实程度。

（2）对知情人的询问

询问知情人经常遇到的困难是知情人不肯合作，多数人以不知情为由拒绝接受询问。根据知情人不愿合作的原因，应当有针对性地做好说服教育工作，采用恰当的方法、选择适合的环境，设法消除知情人拒绝合作的心理障碍。

（3）对火灾肇事嫌疑人的询问

对于火灾肇事嫌疑人进行询问时，火灾调查人员头脑要冷静，切不可喜形于色，更不能轻易表态。否则，就很容易使火灾肇事嫌疑人意识到火灾调查人员并不像所说的那样掌握着自己的违法事实和证据。调查人员应随机应变，步步推进，不要轻易打断火灾肇事嫌疑人的供述，更不要急于揭露矛盾和谎言，让火灾肇事嫌疑人把自己所了解的一些事实线索和信息供出来。

2. 常用的询问方法

在调查询问中，常用的询问方法分为以下几个方面。

（1）自由陈述法

这种方法是让询问对象自然、详细、系统地叙述所知道的火灾有关情况。采用这种方法时，应该让询问对象将所有知道的情况一气讲完，即使陈述超过要求的范围，甚至琐碎重复，火灾调查人员也不要插话制止，否则，容易打断其思路，失掉线索，遗漏重要的细节；另外，还会使其受到某种影响，少讲或根本不讲其所知道的情况。

（2）广泛提问法

这是火灾调查人员对询问对象进行范围广泛提问的一种方法。这种方法一般在自由陈述法之后采用，根据火灾案件情况和询问对象叙述中的疑点进行提问。在具体操作中，应注意避免“提示性”或“供选择性”的提问方式。

（3）联想刺激法

这是火灾调查人员向询问对象提醒问题促使其勾起回忆的一种询问方法。主要有以下几种。

①接近联想是指由一件事物的感知或回忆，引起在空间或时间上接近事物的回忆。这种方法经常在询问对象记不清火灾的地点、时间及用火用电等情况时采用。

②相似联想是指一件事物的感知或回忆引起与它在性质上接近或相似事物的回忆。

③对比联想是指由某一事物的感知或回忆引起与它具有相反特点的事物的回忆。这种方法常常可以从询问问题的反面唤起询问对象对该问题的回忆。

④关系联想是指由于事物的某种联系而形成的联想。反映事物的联想是

多种多样的，当询问对象对某一问题记忆不清时，可以从这一问题的多方面的联系中提醒询问对象进行认真的回忆。

一件事物总是与许多事物联系着，因而可能引起的联想很多。对一件事物的感知或回忆究竟能够引起什么联想，是受事物间联系的强度和人的意向、兴趣等因素决定的。因此，在采用联想刺激法对询问对象进行询问时，应选择那些对询问对象刺激强度大、联系次数多、时间近的事物进行联想刺激。只有这样，才能获得良好的回忆效果，使询问对象把以前产生的对火灾的有关事实情节反映出来。

（4）检查提问法

这是火灾调查人员对询问对象的陈述追根求源的一种询问方法。采用这种方法，对于考查询问对象陈述的准确性、真实性和发现新的重大问题，都很有意义。调查人员首先要向询问对象提出确定的问题和需要补充说明的问题，让询问对象进行具体陈述，以便从中发现矛盾、揭露谎言，查明具有证据意义的重大问题。火灾调查人员还要向询问对象询问他的消息的可靠性和准确性。要详细查询当时的情况和条件，如时间、距离、火焰颜色、电灯亮与灭、风向等，并进行综合分析、比较，得出正确的结论。

（5）质证提问法

这是火灾调查人员巩固询问对象陈述的一种询问方法。在询问对象作了系统陈述或对某一重要事实、情节作了陈述之后，要先让询问对象对已作出的陈述保证是真实的，再让询问对象重述一遍。如果询问对象推翻已作出的陈述，应该允许，并要查明他推翻的原因，以便进一步开展调查工作。

以上几种询问方法是互相联系、密不可分的，不能把它们割裂开来，孤立地去运用其中的某一种方法，而应该把它们作为一个完整的方法体系，机动灵活地加以综合运用。只有这样，才能使取得的证言或其他证据材料更加真实可靠。

（四）首次询问与再次询问

在火灾调查过程中，常常需要对火灾肇事嫌疑人进行多次询问。按照询问的时序和作用不同，可以将询问分为首次询问与再次询问。

1. 首次询问

首次询问是调查人员与火灾肇事嫌疑人的第一次正面交锋，也是整个询问活动成败的关键。因此，在询问中要掌握一定的原则、方法与技巧。

（1）首次询问的作用

首次询问对于整个询问起着重要的作用，主要体现在以下方面。

①火灾发生后，火灾肇事嫌疑人刚刚被传唤接受询问，还来不及考虑对付询问的办法，未能构筑起对抗询问的防御体系。同时，他们可能猜测调查人员已经掌握了一定的证据，因而处于一种担心、恐慌的状态。因此，调查人员如果能够抓住有利时机，出其不意，攻其不备，就很可能迫使火灾肇事嫌疑人陈述关键事实。首战告捷会对整个询问活动起着十分关键的推动作用。

②通过有效的首次询问，在一种和蔼的、不歧视的询问氛围中，调查人员可以与火灾肇事嫌疑人建立起一种正常的对话渠道，缓和火灾肇事嫌疑人的对立和恐慌情绪，可以为今后继续询问打好基础。

③可以通过首次询问，掌握火灾肇事嫌疑人对火灾及询问的态度，为后续的询问策略提供依据。同时，也可以掌握起火部位、起火点以及起火原因的有关信息，为下一步调查指明方向，为固定关键物证提供可能。

（2）首次询问的方法

首次询问的成败影响着整个询问活动的进展。如果首次询问成功，就会动摇或摧毁火灾肇事嫌疑人的侥幸心理，为以后的询问打下良好的基础，甚至可能在首次询问就会有突破；如果首次询问失败，火灾肇事嫌疑人就会认为调查人员没有掌握其有关情况，从而侥幸心理会进一步加强，给后续询问工作带来困难。因此，首次对火灾肇事嫌疑人进行询问，一定要注重询问的方式和方法。

2．再次询问

（1）再次询问的概念

所谓再次询问是指对火灾肇事嫌疑人首次询问之后历次询问的总称。再次询问的主要目标是通过对各种询问策略和方法的综合运用，摧毁火灾肇事嫌疑人的心理防御体系，迫使其作出彻底或比较彻底的交代，查清火灾案件全部事实。而火灾肇事嫌疑人同样会针对火灾调查人员的询问对策，千方百计地施展各种反询问伎俩，竭力阻止调查询问活动的顺利进行。

（2）再次询问的任务

就总体而言，再次询问的任务是在首次询问的基础上，通过系统地实施询问的对策，将询问活动不断向纵深推进，最终达到查明火灾事实真相的目的。

①准确、及时地查明火灾的全部事实真相。

②根据案情，研究制定新的调查询问对策。

（3）再次询问中应注意的问题

①要牢牢控制询问的主动权。在再次询问过程中，火灾调查人员和火灾肇事嫌疑人为了实现各自的目的，都竭力在询问过程中争夺主动权。谁掌握了主动权，谁就能控制对手，驾驭局势，最终战胜对手。因此，火灾调查人员要根据询问计划，始终牢牢控制询问的主动权，审时度势，科学施策。

②再次询问应与查证相结合。再次询问阶段，火灾调查人员要把再次询问与查证同步进行，通过再次询问，从火灾肇事嫌疑人的陈述中挖掘查证的线索，用查证的结果甄别火灾肇事嫌疑人的陈述，不让火灾肇事嫌疑人有喘息的机会，一鼓作气查清火灾肇事嫌疑人的违法事实。对于不具备询问与查证同步进行条件的情况，询问与查证要交叉进行，直到查清全部火灾事实为止。

③正确对待火灾肇事嫌疑人所提出的条件。有些火灾肇事嫌疑人在再次询问过程中经过权衡利害得失，表示愿意坦白，但提出一些条件。对于火灾肇事嫌疑人正当、合理的要求，要根据具体情况，在法律和政策允许条件下可予以满足。当火灾肇事嫌疑人提出从轻或免除处罚的要求时，可说明只要如实陈述，协助调查人员查明事实，会根据实际情况，在法律法规允许的范围内从轻处理。对他们无理的要求要给予严肃的批评，进行坚决的斗争，以防止要求得到满足之后反悔，重新回到顽抗的道路上，或者以此为借口翻供。

四、询问笔录的审查与判断

火灾调查中的言词证据包括证人证言、被侵害人陈述、火灾肇事嫌疑人的陈述和申辩。在火灾调查中，言词证据经常会出现失真的现象。这种现象的发生一般有两种可能：一是询问对象故意隐瞒事实真相、说了假话；二是询问对象虽然无意说谎，但是受主观感知和发生火灾时客观条件的限制，所提供的言词证据与实际情况出入较大甚至完全不符。因此，这种证据必须经过认真的审查判断，才能在火灾调查中使用。

（一）审查判断言词证据的一般方法

审查判断言词证据经常采用以下几种方法。

1．情理判断法

情理判断法是指通过火灾发生、发展、变化的一般规律和常识对证据内容本身进行审查，鉴别其真伪和证明力的一种方法。证据内容是否合乎情理，需要与发生火灾时的环境、条件联系起来比较分析。

2．实验法

实验法是指为了审查判断某一现象或事实在一定的时间内或一定的条件下能否发生或怎样发生，按现场原有条件将该现象或事实进行重演，得出可能或不可能发生的结论的方法。

3．比较印证法

比较印证法是指火灾调查人员对于证明同一问题或事实的几个证据进行对照分析，发现和区分异同，进而确定其中证据真伪和证明力的一种方法。将各个证据加以对照比较，在联系中考虑其是否一致，就比较容易发现矛盾，然后通过深入调查，鉴别其中的真伪，并在基本内容真实的证据中去除水分。比较印证的过程就是去伪存真、去粗取精的过程。在没有最后判明之前，切不可带有主观上的倾向性，更不可盲目相信单方面的证据材料。

4．逻辑证明法

逻辑证明法是指运用形式逻辑审查判断言词证据的方法。主要有以下几种：直接证明法，即从已知证据按照推理的规则直接得出案件事实结论的证明方法；反证法，即通过确定某证据为虚假来证明与之相反的证据为真实的一种证明方法；排除法，即把被证明的事实同其他可能成立的全部事实放在一起，通过证明其他事实不能成立来确认或推论需要证明的事实成立的方法。

（二）对证人证言的审查判断

由于受主、客观因素的影响，证人证言有可能失真，因此必须对其审查判断。审查证人证言应从以下几个方面进行：

①审查证人与火灾及案件处理结果有无利害关系，证人提供证言是否受到外界不良因素的影响。

②审查证人证言形成的主客观因素是否影响其提供证言的客观性。从主

观方面要审查证人的感受能力、记忆能力、表达能力以及精神状态、心理因素等是否对证人证言的客观真实性有影响。从客观方面，要审查证人感觉事物时的客观环境以及记忆时间、表述的环境条件是否影响其证言的客观真实性。

③审查证人证言的来源。要审查判断证人所陈述的有关情况是直接看到、听到的，还是听别人讲述的，或者是猜想推测、道听途说的。对来源不清、纯属道听途说或猜测推想的，均不得作为证据使用。

④审查收集证人证言的方法是否合法、科学。要审查办案人员是否用威胁、引诱、欺骗或其他方法收集证人证言；询问证人时是否坚持个别询问的原则；是否用暗示、诱导性的方法进行询问；证言是否交由证人核对无误、签名等。

⑤审查证人证言的内容是否明确、具体，是否合情合理，前后有无矛盾，与案件其他证据或有关常识有无矛盾。

（三）对火灾被侵害人言词证据的审查判断

火灾被侵害人的陈述是指火灾中遭受财产损失、身体或精神受到伤害的人向公安机关消防机构火灾调查人员就火灾有关情况所作的陈述。由于受各种因素的影响，火灾被侵害人的陈述也可能失真。审查判断火灾被侵害人的陈述一般从以下几个方面进行：

①审查火灾被侵害人与火灾肇事嫌疑人的关系，特别是有无利害关系。主要审查火灾被侵害人诬告陷害、故意夸大事实的情况，或者火灾被侵害人隐瞒火灾的真实情况，为火灾肇事嫌疑人开脱罪责的情况。

②审查火灾被侵害人陈述的来源。主要是审查火灾被侵害人提供的情况是怎样得知的，是直接感受的，还是别人转告的，或者是推测的。如果是直接感受的，还要了解感知、记忆、表达有关情况的主、客观因素对其陈述真实性的影响；如果是他人转告的，要查清来源的可靠程度。

③审查火灾被侵害人陈述的内容前后是否一致，是否合情合理。如果发现火灾被侵害人陈述前后矛盾或不合情理，应有针对性地进一步询问有关情况，让其作出具体解释，或进行调查核对。

④审查火灾被侵害人陈述时的精神状态、有无思想顾虑。要查明火灾被侵害人有无受到威胁、引诱或欺骗，或者考虑自身的利益，而不敢或不愿意

陈述真实情况。发现可疑情况，应及时做好思想工作，解除其顾虑，进一步做好调查核实工作。

⑤审查火灾被侵害人的思想、作风、道德品质和一贯表现，这是影响其陈述真实可靠性的一个重要因素，但应结合其陈述来源和内容及火灾情况，具体情况具体分析。

（四）对火灾肇事嫌疑人的陈述和申辩的审查判断

由于火灾的特殊性，有的火灾肇事嫌疑人了解火灾发生的情况，也有的火灾肇事嫌疑人并不了解这些情况，但是火灾调查的最终结局对其有利害关系，因此，在调查中有可能说假话。审查火灾肇事嫌疑人的陈述和申辩，一般应从以下几个方面进行。

1．审查火灾肇事嫌疑人陈述和申辩的动机

火灾肇事嫌疑人陈述和申辩有各种各样的动机。出于何种动机进行陈述和申辩，对其真实性有一定的影响。查明火灾肇事嫌疑人的动机，是正确判断火灾肇事嫌疑人陈述和申辩真实性的一个重要方面。

2．审查获取火灾肇事嫌疑人陈述和申辩的程序和方法是否合法

为此，要审查调查人员在询问火灾肇事嫌疑人时，是否严格依法进行，火灾肇事嫌疑人的权利是否得到保障，在询问中是否有刑讯逼供、诱供的现象。凡是用刑讯逼供等严重违法手段获取的陈述，原则上不能作为定案的根据。

3．审查火灾肇事嫌疑人陈述和申辩的内容是否合乎情理

对于火灾肇事嫌疑人的陈述，要根据火灾的具体情况，从火灾发生的时间、起火部位、火灾肇事嫌疑人在火灾中的所作所为、火灾蔓延情况等方面分析火灾肇事嫌疑人的陈述是否符合逻辑，是否合情合理，有无矛盾。对于不符合一般规律和逻辑、存在矛盾的陈述，应进一步询问，以便揭露矛盾，并进行调查，弄清真伪。对于火灾肇事嫌疑人的申辩，也应审查其理由是否可信，依据是否可靠，有无矛盾，是否合乎情理。

4．审查火灾肇事嫌疑人的陈述和申辩与其他证据有无矛盾

对于火灾肇事嫌疑人的陈述本身进行审查，有时难以辨明真伪，如果将其与其他证据联系起来并进行比较，就能发现矛盾、鉴别真伪。当发现陈述与其他证据有矛盾时，一定要分析研究产生矛盾的原因，通过进一步查证，排除不真实的供述。

5. 审查火灾肇事嫌疑人的陈述和申辩是否一致

若一起火灾事故，存在两个以上的肇事嫌疑人，要认真分析彼此陈述是否一致。如果完全一致，是否存在询问前订立攻守同盟或互相串供的情况；如果不一致，互相矛盾很多，则其中必有虚假的。

五、火灾调查询问笔录的制作

在火灾调查中，询问的结果是询问笔录，询问笔录是法定形式的证据，必须按照规定，依法制作。

（一）询问笔录的格式与内容

询问笔录一般由首部、正文和结尾三部分组成。

1. 首部

主要记明以下内容：①笔录的名称：询问笔录；②询问人员的姓名、单位；③询问对象的简况：姓名、性别、年龄（或出生日期）、国籍、民族、文化程度、工作单位、职业或职务、政治面目、家庭住址、联系电话等。

2. 正文

主要记载询问对象关于事实的陈述，如火灾的详细情况、经过、感受火灾时的客观条件、还有谁了解情况等。

3. 结尾

基于询问对象对询问笔录核对方式的不同，可以分别写上“笔录已经本人阅读，记载无误”或者“笔录已经向我宣读，记载无误”。

（二）制作询问笔录的要求

制作询问笔录必须准确、客观、完全、合法，具体要求如下：

①必须两人（或以上）参加询问，一人负责提问，一人记录。

②对于询问时的问与答，应该逐句记录。对于询问对象的陈述要按照其本人的语气记录，不能作任何修饰、概括和修改。

③询问结束，询问笔录必须交由询问对象核对或者向其宣读。如果记录有误或者遗漏，应当允许询问对象更正或者补充，并在更改或补充处捺手印。

④询问对象请求自行书写陈述的，应当准许。必要时，火灾调查人员可以要求询问对象自行书写陈述。询问对象应当在陈述的末页上签名或者捺手

印。火灾调查人员收到书面陈述后，应当在首页右上方写明收到日期，并签名。

⑤询问笔录应该按顺序逐页编号，并由询问对象逐页签名或者捺手印。火灾调查人员、翻译人员、监护人等也应该在笔录上签名。

⑥对于每一个询问对象的询问笔录都必须单独制作。不允许把几个询问对象的证言写在同一份笔录里，而让其他询问对象在该笔录上分别签名。

⑦询问笔录正文页的空白部分，在询问对象签名以前，都应由其画线填满。

⑧询问笔录的用纸必须合乎要求，字迹必须清晰、工整。

⑨询问笔录应使用钢笔书写或打印。

第三章　火灾现场勘验

第一节　火灾现场保护

一、火灾现场

火灾现场是发生火灾的地点和留有与火灾有关的痕迹物品的场所，包括发生火灾引起燃烧的场所、火灾波及的场所以及虽未发生燃烧但与起火原因有关联的场所。其主要特点以下几个方面。

（一）火灾现场的破坏性和暴露性

由于火灾本身具有的自然破坏（燃烧、爆炸等）和人为破坏（灭火救援或可能的伪造现场）等原因，使火灾现场具有破坏性特点。火灾不仅改变了建筑、物体原有的形状，还使可燃物由于燃烧发生不可逆转的变化，甚至完全消失等，这就是火灾现场的破坏性。

火灾中发出的火焰、浓烟、声音和光等物理现象，可以很容易为人们所感知，火场周边的人可以通过视觉观察到火灾的燃烧过程；通过听觉听到燃烧、倒塌及爆炸的声响，通过嗅觉闻到不同物质燃烧的气味等。所以，火灾现场又具有明显的暴露性特点。

（二）火灾现场的复杂性和因果关系的隐蔽性

由于火灾及可能的人为破坏作用，往往使现场能反映起火部位、起火点、起火物、引火源和起火原因的痕迹与物证遭到破坏，或者在原来的痕迹物证上又留下了新的破坏性痕迹，使火灾现场复杂化。由于火灾现场的复杂性，现场痕迹的现象与本质、现象与因果以及本质与因果的关系不容易认清，反映了因果关系的隐蔽性。

（三）同类现场的共同性和具体现场的特殊性

火灾现场表现形式多种多样，但同类火灾现场具有相同的现象，反映着同类火灾现场的特征，也就是同类现场的共同性。火灾调查工作正是基于这种共性来研究火灾的一般规律和特点。但就每一起火灾来讲，其火灾现场具体的现象各不相同，反映了每一起火灾现场的特殊性。正是这种特殊性，要求火灾调查人员针对具体现场的情况进行具体分析，采取不同的方法解决现场不同的问题。

二、火灾现场保护的要求

为保证火灾现场在勘验工作开始前保持在燃烧终止时的状态，对现场保护工作应满足以下要求。

（一）及时开展保护

火灾调查人员到达现场后，应立即协调辖区公安派出所、起火单位等开展现场保护工作，以免现场遭到破坏。

（二）严密组织

现场勘验负责人要尽快决定现场保护的范围和方法，对现场保护人员进行现场保护纪律的教育，明确责任、分工，并严格落实交接班制度。现场勘验时所有人员不得携带与勘验无关的物品进入现场，严禁在现场内做与火灾调查无关的事情，特别应禁止在现场吸烟、吃东西等。勘验过程中使用的手套、鞋套、帽套和其他包装物，以及用过的矿泉水瓶等，应集中处理，严禁随便丢弃。

（三）予以公告

决定封闭火灾现场时，公安机关消防机构应制作《封闭火灾现场公告》，对封闭的范围、时间和要求等直接在火灾现场张贴予以公告，当撤销警戒时，同时解除现场封闭。

三、现场保护范围

凡与火灾有关的、留有火灾物证的场所都应列入现场保护范围，但在保证能够查清起火原因的条件下，尽量把保护现场的范围缩小到最小限度，以减少对周边区域的干扰。有以下情形的应根据需要扩大保护范围。

①起火点位置未能确定，起火部位不明显，调查人员对起火点位置看法有分歧，初步认定的起火点与火灾现场痕迹不一致等，应按需扩大现场保护范围。

②怀疑起火原因与电气故障有关时，凡与火灾现场用电器具有关的线路、设备，如进户线、总配电盘、开关、插头、插座等通过或安装的场所，都应列入现场保护范围。

③爆炸起火的现场，不论抛出物体飞出的距离有多远，应把抛出物着地点列入现场保护范围，同时把受爆炸破坏或影响到的建（构）筑物等列入现场保护的范围。

④对大面积坍塌的火灾现场，由于起火部位及各种重要的证据可能被埋压，应该适当扩大现场保护范围。

⑤对易燃液体或易燃气体火灾现场，由于易燃液体蒸气和易燃气体极易扩散，泄漏点与起火点位置不一定一致，此时应将可能的泄漏点列入现场保护范围。

⑥有放火嫌疑的火灾现场，因放火嫌疑人可能在现场周围遗留下痕迹物证，此时必须视情况扩大现场保护范围，以保护重要的物证不被破坏。

⑦疑似飞火引起的火灾现场，应把可能产生飞火的火源与火灾现场之间的区城列入保护范围，以便收集飞火的证据。

四、火灾现场保护时间

现场保护的时间应从公安机关消防机构扑救火灾时起，到整个火灾调查工作结束为止。在保护时间内，对确需解封或部分解封现场以及时恢复生产，且对现场不会造成严重破坏，不影响火灾调查的，现场勘验负责人可视情况予以批准。

当事人对起火原因认定不服的，应当延长现场保护时间，告知当事人保护好现场以备复勘，延长期间的火灾现场保护工作由当事人自行负责。

为了尽可能减少火灾间接损失，应尽快恢复正常的生产和生活秩序，公安机关消防机构应及时期验现场，开展火灾调查，尽早解除火灾现场的警戒。

五、火灾现场保护的方法

火灾现场保护从火灾的发生持续到整个火灾调查工作的结束，在这段时间内，各个阶段及对各类场所的保护方法和侧重点是不同的。

（一）灭火中的现场保护方法

消防指战员在灭火战斗展开之前进行火情侦察时，应该注意发现和保护起火部位和起火点。在灭火时，特别是消灭残火时不要轻易破坏或变动这些部位物品的位置，应尽量保持物体燃烧后的自然状态。在拆除某些构件和清理火灾现场时，应该注意保护好起火点、起火部位的原状。如必须拆除，应通知到场的火灾调查人员进行照相或自行照相后再行拆除。

（二）实地勘验前的现场保护方法

在火灾被扑灭至现场勘验工作开展前的这段时间是火灾现场最容易受到破坏的时段，受灾户、当事人及其他人员会寻找一切机会进入现场搜寻、查找物品，有意无意地破坏了现场。因此，火灾调查人员应该在消防队撤离现场前抓紧实施现场保护工作。

1. 一般现场的保护方法

（1）露天火灾现场的保护方法

露天火灾现场很容易受到各种自然因素和人为因素的破坏，所以火灾扑灭后，应及时将火灾现场及发现有物证的地点用警用绳（带）、铁丝或利用现场自然屏障等警戒起来，必要时布置警力警戒。对已经发现的痕迹物证应采取有效的保护措施，并尽快对证据进行固定、保全。

（2）室内火灾现场的保护方法

主要是在室外布置专人看守，起火房间则加锁加封；对现场的室外和院落也应划出一定的禁入范围，防止无关人员进入现场；对于私人住宅要做好业主的安抚工作，讲清道理，告知其不得擅自进入现场。

（3）爆炸抛出物的保护方法

在爆炸抛出物落地点用警绳围拦或用粉笔在地上作出标记，以警示他人注意，同时还应派专人看守。为防止物证被人为毁坏或灭失，火灾调查人员应尽快进行证据保全。

（4）大面积火灾现场的保护方法

对于大面积的火灾现场，可利用原有的围墙、栅栏等进行封锁隔离，尽量不要阻塞交通和影响居民生活，必要时应加强现场保护人员的力量，待正式勘验时，再酌情缩小现场保护范围。

2. 重大火灾现场的保护方法

重大火灾或对社会政治、经济、生活造成重要影响的火灾会引起各级领导及新闻媒体的注意。因此，除必须禁止无关人员进入现场外，对进入现场察看灾情的各级领导、新闻媒体工作者也应作出一定的限制。对于此类火灾现场的保护，应采用多层次的现场保护方法。

（1）第一层次的保护

第一层次的保护是在现场最外围或周边区域设置警戒线，对火灾现场进行整体的保护。现场保护人员应当在这一层次上重点进行保卫，其职责是限制无关的车辆和人员进入现场。

（2）第二层次的保护

第二层次的保护是在靠近现场一定距离的周围设置保护区域。在这一区域内，只有火灾善后处理小组的人员、火灾调查人员以及察看现场灾情的各级领导可以进入。

（3）第三层次的保护

第三层次的保护是在靠近起火部位（或者在中心现场）的区域内，设置中心现场保护区城。中心现场保护是现场保护的重中之重，是防止现场证据丢失毁灭的关键。在中心现场保护区域内，除现场勘验人员，所有其他人员（包括各级领导、调查询问小组的人员等）未经同意不得擅自进入。

（三）实地勘验中的现场保护

在现场勘验过程中，勘验人员应有保护现场、保全物证的意识。在清理堆积物品、移动物品或者取下物证之前，应从不同方向拍照，以照片的形式保存和记录现场。对已经发现的痕迹物证，应尽快予以固定、提取。

六、现场保护中的应急措施

现场保护人员不仅要对现场进行警戒，封闭现场，保护好现场和痕迹物证，还要时刻注意观察，掌握现场动态，随时发现和处理好出现的一些紧急情况。

①发现现场有人员伤亡时，除证实已经死亡的必须留在现场不得搬动外，应对伤者全力组织抢救。

②火灾扑灭后，如出现“死灰”复燃现象，应采取有效的扑救方法，并根据情况报警。

③对趁火打劫和放火嫌疑人以及企图打探消息的可疑人员、反复窥视现场者，现场保护人员应格外提高警惕，留意观察，必要时可向公安机关报案。

④现场发现易燃、易爆、有毒、腐蚀性、放射性等化学危险品时，应对危险区进行隔离，紧急疏散群众，严禁任何人进入现场，并采取果断的处理措施，如关闭泄漏的阀门，移开危险源等。

⑤现场上有带电的导线落地时，应立即切断电源，防止人员触电。

⑥烧毁的建筑物有倒塌危险时，应对其进行加固处理。如不能固定时，可仔细观察并记录下倒塌前的烧毁情况、构件相互位置及可能与起火原因有关的重要情况，最好在其倒塌前进行拍照记录。

采取以上每种措施时，应尽量使现场少受破坏，若需要变动时，事前应详细记录现场原貌。

第二节 现场勘验的步骤、原则及方法

一、现场勘验的步骤

（一）环境勘验

环境勘验是指现场勘验人员在火灾现场的外围进行巡视、观察和记录火灾现场外围和周边环境的勘验活动，目的是确定下一步勘验的范围和重点。

环境勘验的主要内容包括以下几个方面：①观察外部整体燃烧蔓延痕迹，确定火灾范围，分析火灾蔓延的大致方向；②观察建筑各门窗洞口启闭或破坏状态，分析有无外部火源进入的条件，分析有无外来人员进入的条件；③观察外部环境，分析有无外来火源、电气故障引燃的可能性，发现与放火有关的可疑痕迹和物证，发现有无其他证人，发现有无外围监控。

（二）初步勘验

初步勘验是指现场勘验人员在不触动现场物体和不变动现场物体原始位

置的情况下对火灾现场内部进行的初步的、静态的勘验活动，目的是确定起火部位和下一步勘验重点。

初步勘验的主要内容包括以下几个方面。

①观察内部整体燃烧蔓延痕迹，确定起火部位。

②观察内部火源、电源、气源情况，分析有无内部火源、电源、气源故障起火的可能。

③观察内部物品摆放及物质堆放情况，分析有无物品非正常移位，分析有无内部物质自燃引起火灾的可能。

④观察各门窗洞口启闭或破坏状态，分析有无外部火源进入的条件，分析有无外来人员进入的条件。

⑤观察内部监控位置，分析起火部位及起火原因。

（三）细项勘验

细项勘验是指现场勘验人员在初步勘验的基础上，对各种痕迹物证进行的进一步勘验活动，目的是确定起火点及专项勘验的对象。

细项勘验的主要内容包括以下几个方面。

①查看可燃物烧毁、烧损的具体状态。

②比较不燃物的破坏情况。

③物品塌落的层次和方向。

④低位燃烧区域和燃烧物。

⑤详细勘验并确认各种燃烧图痕的底部。

（四）专项勘验

专项勘验是指现场勘验人员对火灾现场收集到的引火物、发热体以及其他能够产生火源能量的物体、设备、设施等特定对象所进行的勘验活动，目的是收集证明起火原因的证据，分析火灾原因。

专项勘验的主要内容包括以下几个方面。

①勘验、鉴别引火源、起火物的物证。

②勘验生产工艺流程（或工作过程）形成引火源或故障的原因的条件。

③勘验引火源与起火点、起火物的关系。

④判断引火源的能量是否足以引燃起火物。

⑤对电气进行勘验，确定或排除电气火灾。

⑥对火灾中死亡的人员尸体进行勘验，分析死因。

二、现场勘验的原则及要求

现场勘验就是要收集能证明火灾事实的一切证据。为了保证各种痕迹、物证的原始性、完整性，确保它们的证明作用，在现场勘验过程中必须遵循“先静观后动手、先固定后提取、先表面后内层、先上部后下部、先重点后一般”的基本原则，并应做到以下要求。

（一）及时

火灾调查人员到场后，应及时对现场进行封闭保护，并着手开展勘验工作，避免现场变动破坏而干扰认定工作。

（二）全面

火灾调查人员到场后，应将现场所有高温、烟熏、火势影响到的部位及物品列入保护范围，进行观察及勘验，同时应对火场周边进行观察，避免遗漏。

（三）客观

火灾现场勘验结论正确与否，涉及火灾的定性以及当事人的利益。火灾调查人员在勘验过程中，必须做到实事求是、客观公正，这样才能维护法律的公正性。对于物证的分析认定，一定要按照科学规律办事，切忌主观臆断，绝不能弄虚作假，歪曲事实。

（四）合法

火灾现场勘验必须按照法律程序进行，使勘验活动具有合法性，使收集的物证、制作的勘验笔录都具有证据效力。现场勘验的目的，是在现场收集证明火灾事实的证据，勘验活动不合法，由勘验活动产生的一切证据就失去了证据效力。例如，勘验现场及提取物证都要求有见证人见证。

三、现场勘验的常用方法

（一）静态勘验法

静态勘验法是指勘验人员不加触动地观察现场痕迹、物证的特征、所在位置及相互关系，并对其进行固定、记录。

（二）动态勘验法

动态勘验法是指勘验人员在静态勘验的基础上，对怀疑与火灾事实有关的痕迹、物证等进行翻转、移动的全面勘验、检查。主要包括离心法、向心法、分片分段法、循线法。

1. 离心法

由现场中心向外围进行勘验的方法。适用于现场范围不大，痕迹、物证比较集中，中心处所比较明显的火灾现场，也适用于在无风条件下形成的均匀平面火场。

2. 向心法

由现场外围向中心进行勘验的方法。适用于现场范围较大，痕迹、物证分散，物质燃烧均匀，中心处所不突出的火灾现场。

3. 分片分段法

对现场进行分片分段勘验的方法。适用于现场范围较大，或者现场较长，环境十分复杂，痕迹、物证细小分散的火灾现场。

4. 循线法

根据行为人引发火灾时进出现场的路线进行勘验的方法。适用于放火嫌疑现场的勘验。

（三）细项勘验的方法

1. 观察法

观察法是指对火灾现场痕迹、物证进行观察了解，获取感性认识，判断形成机理、本质特征和证明作用的方法。

2. 比较法

比较法是指对火灾现场不同部位或不同部位上的痕迹、物证，对同一物体不同部位进行比较，发现火势蔓延方向、起火部位和起火点位置的方法。

3. 剖面勘验法

剖面勘验法是指在初步判定起火部位处，将地面上的燃烧残留物和灰烬扒掘出一个垂直的剖面，观察残留物每层燃烧的状况，辨别每层物质的种类，判断火灾蔓延过程的方法。

4. 逐层勘验法

逐层勘验法是指对火灾现场上燃烧残留物的堆积物由上往下逐层剥离，观察每一层物体的烧损程度和烧毁状态的方法。

5．全面扒掘勘验法

全面扒掘勘验法是指对只知道起火点大致的方位，需要对较大范围区域进行详细勘验所采用的一种方法，可分为合围扒掘、分段扒掘和一面推进扒掘。

6．复原勘验法

复原勘验法是指根据证人、当事人提供的现场情况，或是根据现场物体摆放痕迹，将现场残存的建筑构件、家具等物品恢复到原来位置的形状，观察分析火灾发生、发展过程的方法。

7．水洗勘验法

水洗勘验法是指用水清洗起火点所在的表面或其他一些特定的物体和部位，发现和收集痕迹物证的方法。

8．筛选勘验法

筛选勘验法是指对可能隐藏有小型物证的火灾现场的残留物，通过适当的手段除去杂物，找出痕迹物证的方法。

9．整体移动勘验法

整体移动勘验法是指将被勘验的物体整体移动到适宜勘验的场所进行勘验的方法。

（四）专项勘验的方法

1．直观鉴别法

直观鉴别法是火灾调查人员根据自己的日常生活知识、工作经验等，用肉眼、放大镜或显微镜对物证进行鉴别的方法，直观鉴别法适用于判断比较简单的物体，如电熔痕和火烧熔痕等。

2．物理检测法

物理检测法是用物理学的方法对待勘验的物品进行勘验检查的方法，现场勘验中常用的物理学检测方法有以下几种。

（1）电量参数检测

用万用表等对被勘验对象的电压、电流、电阻等电量参数进行检测。

（2）剩磁检测

用特斯拉计来测定火灾现场上铁磁性物件的磁性变化，以判断该物体附近在火灾前是否有大电流通过，主要用来鉴别有可能是雷击或较大电流短路造成的火灾。

（3）弹性检测

使用混凝土回弹仪测量混凝土的弹性，可以判断混凝土被烧损的程度。

（4）温度测量

使用温度计测量物体的温度，判断其作为引火源的可能性。

（5）炭化深度测定

使用炭化深度测定仪，可以测量可燃物的炭化深度，以此来判断物体被火烧损的程度，进而推断火灾蔓延的方向。

（6）探测金属

使用金属探测器、便携式 X 射线检测仪，可以在火场的残留物中搜寻小件金属（如金属熔珠等）；使用磁铁在火场的残留物中搜寻电焊熔渣等铁磁性物质。

3. 化学分析法

化学分析法就是火灾调查人员在现场使用便携的化学分析仪器对待勘验物体的化学性质进行简单的识别、判断的方法。在专项勘验中，需要使用化学分析法的，主要是对所勘验物体是否含有易燃液体、可燃气体进行定性的勘验检测。若需对该物体的性质做更多的了解，只能提取检材送有关鉴定机构进行鉴定、检测。现场勘验中常用的化学分析法仪器有可燃性气体探测仪、易燃液体探测仪、直读式气体检测管和便携式气相色谱仪等。

4. 调查实验法

调查实验法，是火灾事故调查人员为了查明或验证火灾事实的某个情节，按照火灾发生时的条件，对该情节进行模拟的方法。火灾调查中常做的调查实验是模拟某热源在一定条件下能否引燃某物体、某物体的燃烧能否形成某种痕迹等。通过调查实验，可以帮助调查人员验证对某些火灾痕迹物证的判断或对火灾事实某些情节的推断。

第三节　火灾物证的提取

火灾物证是指火灾现场中提取的，能有效证明火灾发生原因的物体及痕迹。火灾物证提取是火灾调查人员在现场勘验时的重要工作内容之一，是通过法定和科学的方法、固定与火灾事实有关的物证的过程。火灾物证提取过程中，要确认物证的位置和来源、使用正确的提取技术，保证物证的证据作用。

一、火灾物证提取的原则

（一）提取程序要合法

物证提取应严格遵循根据《火灾现场勘验规则》（XF 839－2009）等法律法规的规定，物证提取应填写《物证提取清单》，清单中应详细记录物证的提取时间、提取数量和提取部位，并由不少于两名的提取人和见证人签字。

（二）提取位置要准确

物证提取应在确定或初步确定起火部位、起火点的基础上，通过对引火源、起火物的分析，有针对性地进行，不应随意提取。

（三）提取方式要合理

在提取物证前应明确鉴定目的，提取物证的种类、数量、取样方法、封装方式等要能够满足鉴定的要求。如不能确定提取方式，应向鉴定机构进行咨询后再进行提取。

（四）提取时间要及时

物证具有一定的时效性，火场高温、消防射水、气候环境、自然挥发、人为破坏等因素都可能对物证的有效性造成影响，应在条件允许的情况下尽早提取物证。

二、火灾物证提取的要求

（一）提取物证要真实

提取物证时应根据现场保护情况和询问笔录，对物证进行审查，验证物证的真实性。同时还要判断物证是否处于火灾前的原始位置，物证破损状态是火灾本身造成还是火灾扑救过程中人为因素造成的。

（二）提取物证要可追溯

提取物证前应通过拍照、录像、绘图等方式记录物证的原始位置和形貌，并对物证进行编号，以确保物证的可追溯性。

（三）提取物证要完整

提取物证时应尽量保持物证完整，不能损坏和残缺；具有关联的物证应全部提取，不能疏漏。如果物证体积很大或数量很多，应酌情提取能够反映该物证全部状况并具有代表性的部分。

（四）提取物证要细致

对微小物证的提取要特别谨慎，用干净的镊子提取。对特别细小和容易失落的残渣和碎屑，可用透明胶纸直接粘取。对纤维、粉尘等要轻拿轻放，提取时佩戴口罩。对于怀疑是放火工具或用品的物证，提取时应避免破坏上面可能留有的指纹。

（五）提取物证要封装

物证封装应采用专用物证袋、采集罐、采集瓶、物证提取箱等规范、可靠的方式，应在包装外张贴封条，以保证物证从火灾现场转移到鉴定机构期间的真实性。封装容器上应注明物证编号、名称和火灾信息，并能够与物证提取清单相对应，不能将不同编号的物证放在同一个封装容器内。

三、火灾物证提取的方法

（一）固态物证的提取

火灾现场经常提取的物证主要是固体实物，如导线、设备（元器件）、开关、插座、容器、炭化物及灰烬等。对于体积较小的应整体提取；对于体积较大或有效检材比较集中的，在不影响物证完整性的情况下，可采用截取、剥离等方法进行提取。如怀疑是放火工具时，应戴上手套提取，避免留下指纹。可能涉及刑事案件的凶器、工具、遗留物，应通知刑侦部门共同开展工作。

（二）液态物证的提取

常见的液态物证主要有现场上的液体、盛装液体的容器、浸到载体中的液体、水面浮着的有机液体等。

提取的方法有以下几个方面：①容器内的液体用移液管吸取上、中、下三层；②水面上浮着的有机液体用吸耳球吸取；③浸到木板、泥土、水泥地面、纤维材料等物体中的液体连同本体一并提取；④怀疑放火用的容器要一并提取。

（三）气态物证的提取

现场气态物证主要是残留的可燃气体、燃烧产生的气态产物、燃烧物质的挥发物等。

提取方法有以下几个方面：①用抽气泵或注射器将气体样品抽进气囊；②用吸附性较强的碳棒或聚合物的吸收材料提取并密封；③用真空采样罐装置提取。

第四节　火灾现场勘验记录

一、火灾现场勘验笔录

火灾现场勘验笔录是火灾现场勘验人员在现场勘验过程中对火灾的发展蔓延过程、火灾现场物证状态、空间关系、火灾现场状况及火灾现场勘验活动的书面记录。它是火灾勘验记录的一个重要组成部分，是分析研究火灾现场、认定起火点和起火原因、认定火灾事故责任的证据，具有法律效力。

现场勘验笔录的记述要客观全面、准确，手续要完备，符合法律程序，才能起到证据的作用。

（一）火灾现场勘验笔录的构成

火灾现场勘验笔录由前言部分（首部）、正文部分（叙事）、结尾部分构成。

1. 前言部分

此部分为火灾的一般情况，内容包括以下几个方面：①勘验时间。指现场勘验开始及结束时间；②勘验地点。指对勘验火灾现场的具体位置进行说明；③勘验人员姓名、单位、职务（含技术职务）；④勘验气象条件（天气、风向、温度）。

2. 正文部分

此部分主要记录现场勘验过程，是现场笔录的主要部分。勘验情况主要载明以下内容。

①报警时间，发生火灾单位名称、地址等火灾基本情况。

②现场保护情况。

③现场勘验过程和勘验方法（现场勘验过程应按勘验顺序，客观地进行记录，这部分内容是勘验笔录的核心内容）。

④现场变动的情况以及反常现象。

⑤现场的周围环境、建筑结构。

⑥燃烧面积，现场主要存放物品、设备及其烧损情况。

⑦尸体、重要痕迹物品的位置、状态、数量和燃烧特征。

⑧提取痕迹物品的名称、具体位置、尺寸、规格、数量、特征等。

⑨现场照片、现场图以及录像、录音的种类、内容和数量。

3. 结尾部分

现场勘验结束后，相关人员应在笔录上签名。有多个证人、当事人的，应分别签名或捺指印。

（二）现场勘验笔录的制作要求

第一，笔录中所记录的内容必须是勘验人员在现场根据视觉、触觉、嗅觉、味觉感知或通过检验仪器直接测定的客观事实。他人的议论和自己的分析判断均不得记入现场勘验笔录。

笔录中的用语必须准确，不应使用“大约”“大概”“也许”“可能”“估计”等模棱两可的词语。对于痕迹物品大小的记述，必须使用国家统一规定的计量单位，对于客体应该按其专有名称记录。

第二，笔录记录的顺序应当与现场勘验的实际顺序一致，笔录记载的内容要有逻辑性，先勘验的部分要先记录，后勘验的部分要后记录，以避免记载出现紊乱、重复或遗漏。

第三，凡是与查清火灾原因、事故责任有关的火灾物证，必须详细记录，不能省略，也不能过于简单；对于与火灾原因、事故责任无关的现场情况，则需尽量概括一些，以防中心内容不明确。

第四，现场勘验笔录应该由参加勘验的人员、见证人当场签名或捺指印；笔录一经有关人员确认后，原则上不能改动。如果发现笔录中有错误或遗漏之处，应另作更正或补充笔录。

第五，对同一现场进行多次勘验的，应在制作首次勘验笔录后，逐次制作补充勘验笔录，并在笔录首页右上角用阿拉伯数字填写勘验次序号。

二、火灾现场照相

火灾现场照相是指运用照相技术，按照火灾调查工作的要求和现场勘验的规定，用拍照的方式对火灾现场的一切有关事物的记录。

（一）火灾现场照相的器材

由于火灾现场环境较为恶劣，为拍摄到符合证据要求的照片，照相器材应满足如下要求。

①应选用单反式数码相机，拍摄像素不低于1 200万。

②相机镜头应采用可变焦镜头，具有广角、微距功能，其广角焦距不得大于24mm。

③应配置外置式闪光灯。

④相机的存储卡、电池应保持一用一备。

（二）火灾现场照相的注意事项

①火灾事故调查人员应定期检查相机功能、存储卡剩余容量、电池电量等，确保满足火场勘验需要。

②火灾现场照相人员应熟悉掌握所用相机的操作方法和性能特点。

③火灾现场照相应与火场勘验顺序匹配，切忌漫无目的、随意拍摄，防止拍摄遗漏和不同证据照片的混淆。

④火灾现场照相时，应注意及时回看拍摄照片，如不满意应及时补拍。

⑤除拍摄重要物证时应使用标识外，对拍摄差异较小的不同对象或较难分辨的痕迹物证时，也应使用辅助的标识以便于辨识。

（三）火灾现场照相的内容

1. 火灾现场方位照相

火灾现场方位照相是指以整个火灾现场及现场周围环境为拍摄对象，反映火灾现场所处的位置及其与周围事物关系的照相。

（1）拍摄对象

火灾现场及其周边环境。

（2）作用

反映火灾现场所处方位，其周边情况以及与其关系。

（3）常用照相技法

视火场大小选择火灾现场周边的拍摄点，常使用广角拍摄火灾现场全景照，如有制高点可利用，要在制高点俯拍火灾现场全景照。特别是较大火灾现场，俯视照能更好、更全面地反映整个火灾现场情况，可采用无人机航拍的方式进行固定。

（4）注意事项

①除方位指示或说明性照片外，火灾现场方位照相应始终以火场为拍摄主体。

②应与火灾现场保持足够距离，使用远景照，并采取多点多角度拍摄的方式，确保火灾现场方位情况反映完整，特别是大型火灾现场要防止遗漏。

③火灾现场周边较空旷或四周情况较相似，在拍摄方位照时应尽可能拍入一些参照物或标识，以便于辨认。

④方位照拍摄范围较大，不便使用辅助光源，为保证拍摄质量应在光照充足的情况下进行拍摄。

⑤对面积大、难以取景拍摄的火灾现场，可尝试使用地图网站的卫星图代替，但应标明比例，并辅以文字说明出处。

2. 火灾现场概貌照相

火灾现场概貌照相是指以火灾现场或现场中心地段为拍摄内容，反映火灾现场的全貌以及现场内各部分关系的照相。

（1）拍摄对象

以整个火灾现场或现场中心地段为拍摄内容，反映现场的范围以及现场内各部位关系的专门照相。

（2）作用

反映火灾现场各个部位空间位置，概览火场整体和各部位烧损情况。

（3）常用照相技法

一般拍摄范围较大，常用方法与方位照相类似。对长距离、大跨度火灾现场如无合适拍摄位置和角度，为取得全面的概貌相片可采取分段、分层拍摄的方法。

（4）注意事项

①概貌照以拍摄火灾现场为主，不需要表现环境，否则就容易混同于方位照。

②尽可能在光线充足的情况下拍摄，采用调节适当焦距和较小光圈以实现大景深拍摄出前后清晰的火灾现场全景。

③如果火灾现场概貌照数量较多，拍摄时应注意按照一定顺序拍摄，以利于后期筛选入档。

3．火灾现场重点部位照相

火灾现场重点部位照相是指以火灾现场起火点、起火部位或燃烧炭化破坏严重部位、遗留尸体、痕迹或可疑物品等所在部位为拍摄内容，反映火灾痕迹、物品在火灾现场的位置、状态及与周边事物的关系的照相。

（1）拍摄对象

拍摄火灾现场重要部位或地段，反映其状况、特点及火灾痕迹、有关物品所在部位的专门照相。

火灾现场重点部位包括起火部位和起火点、火灾烧损严重的部位，留有各种痕迹、尸体、引火物和点火源等重要物证的部位。

（2）作用

反映与火灾事故有着直接、间接关系的痕迹物证的状态及其空间位置。

（3）常用照相技法

火灾现场重点部位一般范围较小，拍摄位置也较易选择，在光线不足的情况下，使用闪光灯等辅助光源也能满足拍摄需要，但火灾现场内部物品对比度较低，环境光线复杂，拍摄时要注意合理使用好相机的对焦、光圈、快门等功能，注意不同光源对成像的影响。

4．火灾现场细目照相

火灾现场细目照相是指以与引火源有关的痕迹、物品为拍摄对象，反映痕迹、物品的大小、形状等特征的照相。

（1）拍摄对象

拍摄火灾痕迹物证，反映火灾痕迹物证的大小、形状、颜色、色泽等表面特征。

（2）作用

清晰表现痕迹物证的证明内容及其状态位置。

（3）常用照相技法

通常采取近距和微距拍摄。

（四）火灾现场照相的后期处理

为了让火灾现场照相更好地服务火调工作，照相结束后应注意做好以下工作。

第一，现场拍摄结束后应及时将相机中的照片数据导入计算机，建立按

“时间＋火灾名称”命名的文件夹分别保存，并按照双备份原则使用移动硬盘予以备份。

第二，现场照片文件备份应使用原始文件保存，不得压缩、裁剪、修改后再保存，但上传至消防监督管理系统的火调照片文件，由于上传大小限制可进行压缩处理。

第三，归入火调档案的现场照片均应配以文字说明，至少应说明拍摄对象、拍摄方向和角度等内容。

三、火灾现场摄像

摄像技术可以将火灾现场的燃烧状态、火灾发展蔓延、火灾扑救、火灾现场的勘验过程等各种复杂情况及其在时间和空间中的关系记录下来，以获得客观、真实和连续的视觉形象。

（一）火灾现场摄像的器材

火灾现场摄像应选择体积小、重量轻、清晰度高、色彩还原好、照度要求低的摄像机，一般采用数码摄像机。

（二）火灾现场摄像的注意事项

①火灾事故调查人员应定期检查摄像机功能、存储卡剩余容量、电池电量等，确保满足火灾现场拍摄需要。

②火灾现场摄像人员应熟悉掌握所用摄像机的操作方法和性能特点。

③拍摄差异较小的不同对象或较难分辨的痕迹物证时，也应使用辅助的标识以便于辨识。

（三）火灾现场摄像的内容

1. 火灾现场方位摄像

火灾现场方位摄像反映现场周围的环境和特点，并表现现场所处的方向、位置及其与其他周围事物的联系。这一内容一般用远景和中景来表现。摄像时，宜选择视野较为开阔的地点，把能够说明现场位置和环境特点的景物、标志摄录下来。当火灾现场周围建筑物较多时，需要从几个不同的方向拍摄，反映其位置和环境。也可采用无人机拍摄的方法。

2. 火灾现场概貌摄像

火灾现场概貌摄像是以整个火灾现场为拍摄内容，反映现场的基本状况，可分为两部分。

①拍摄火灾扑救过程，如起火部位、燃烧范围、火势大小、抢救物资和疏散人员、破拆、灭火活动的镜头。

②拍摄勘验活动的过程，如火灾现场范围及破坏程度、损失情况、火灾现场内各部位之间的关系等。

3. 火灾现场重点部位摄像

火灾现场重点部位摄像是以起火部位、起火点、燃烧严重部位、炭化严重部位和遗留火灾痕迹物证的部位为拍摄内容，反映其位置、状态及相互关系。火灾现场重点部位摄像是整个现场摄像中的重要部分，常用的拍摄方法有以下几个方面。

①静拍摄。对现场的原貌进行客观记录。

②动拍摄。将勘验、现场挖掘和物证提取的过程一同拍摄。

4. 火灾现场细目摄像

火灾现场细目摄像是以火灾痕迹物证为拍摄内容，反映火灾痕迹物证的尺寸、形状、质地、色泽等特征，常采用近景和特写的方法拍摄。拍摄时，应选择适宜的方向、角度和距离，充分表现痕迹物证的本质特征。对各种痕迹物证进行拍摄时，应在其边缘位置放置比例尺。

5. 火灾现场相关摄像

火灾现场相关摄像包括拍摄现场访问、现场分析会和对痕迹物证进行检验分析、模拟实验等活动的过程，可根据火灾的具体情况而定。

四、火灾现场制图

火灾现场制图是指火灾现场勘验人员运用制图学原理和方法，利用图形、符号固定和反映火灾现场客观情况的现场记录形式。

（一）火灾现场图的种类

火灾现场图包括火灾现场方位图、火灾现场平面图、火灾现场示意图、火灾现场立面图、火灾现场复原图、火灾现场电气线路图、火灾现场人员定位图、火灾现场尸体位置图等。

（二）火灾现场制图的要求

①应当使用计算机绘图软件制图（如 AutoCAD、Office Visio 等）。

②重点突出、图面整洁、图例规范、比例适当、文字说明简明扼要。

③清晰、准确反映火灾现场方位、过火区域或范围、起火点、引火源或起火物位置、尸体位置和朝向。

④注明火灾名称、绘图比例、方位、图例、尺寸。

⑤注明绘制时间、制图人、审核人，其中制图人、审核人应当签名。

第五节　视频分析技术

随着科技进步和全社会对安全的日益重视，视频监控逐渐普及。无论大街小巷，还是市集农村；无论是重点场所，还是小店小铺，甚至居民家庭，都有各种视频监控探头的身影，视频监控在各类火灾事故调查工作中发挥了重要作用。

一、监控探头的查找

火灾事故现场是否有视频监控，是火灾事故调查的一项重要内容。查找监控探头应注意从以下三个方面入手。

①询问火灾当事人、知情人，了解火灾现场及其周边是否安装有视频监控。

②在现场环境勘验过程中，查看火灾建筑周边的建筑物、道路上是否有监控探头。

③在室内勘验过程中，查找监控系统主机、监控探头或烧损残留物中是否有监控探头残骸。

二、监控视频的证明作用

①对直接清晰拍摄到起火部位（点）的，可直接证明起火时间、起火点和起火原因。

②对未能直接拍摄到起火部位（点）的或图像不清的，可根据火光、烟雾的特征证明起火时间、起火部位和起火特征。

③对仅拍摄到出入口、周边道路的，可证明火灾相关人员活动情况，排除或证明其放火作案嫌疑。

在查找探头时，一定不能将排查对象仅仅局限于拍摄到起火部位（点）的探头，应扩大筛查范围，认真查看和分析所有监控视频内容。

三、监控视频的分析方法

（一）前期准备

1. 时间的校对

大多数视频监控系统的时间与北京时间存在误差，因此在监控视频作为证据分析前，应首先校对视频监控系统时间。常见的方法：打开视频监控系统查看系统的当前时间，再用连接互联网的手机打开网页浏览器搜索“北京时间”，即可获得国家授时中心的标准北京时间，然后对照两个时间，就可确定视频监控时间与北京时间的误差。

2. 探头的标定

一般视频监控系统都有多个探头，为了方便辨识和将具有证明作用的视频筛选出来，应首先标定所有探头。常见的方法是对所有探头按系统顺序编号，并根据火灾前或当前探头拍摄的内容，确定每个探头的安装位置和拍摄范围。

（二）常见分析方法

除了观看清晰记录火灾发生经过的监控视频录像来直接证明起火部位（点）和起火原因的基础方法外，常见分析方法还有以下几种。

1. 比对分析法

常用于分析夜间或关灯等光线较弱情况下的视频录像。分为以下两种。

（1）比对位置分析方法

比对位置分析方法具体包括以下几个方面：一是截取需比对的同一监控探头拍摄的白天或照明灯打开时最清晰的一段视频录像或录像截图。二是通过知情人指认或监控系统完好情况下的实地核实，分析确定截取视频或截图中各部位、点的实际位置。三是将截取的视频录像和截图与火灾发生时的录像视频进行比对，得出最先冒烟或出现火光的位置。

（2）比对特征分析方法

通过将拍摄到的起火经过的视频与已知类型的起火特征进行比对，两者吻合的，可作为判定起火特征和起火原因的依据。

2. 逐帧分析法

常用于分析视频录像中相关人员行为、起火瞬间特征等。由于光线和分辨率的原因以及拍摄内容快速变化的原因，在分析视频录像时经常有必要对重要视频内容慢放甚至逐个画面地进行仔细观看分析，方法是通过播放器对视频录像进行逐帧播放而后观察。

3. 辅助物分析法

常用于分析由于距离远、清晰度差等原因无法准确分辨位置的视频录像，前提是视频监控系统未在火灾中受损。在通过比对法仍无法确定视频录像中特定位置或对确定位置需要更高精度时，需要采用一些辅助手段来辨识位置。方法是由一人通过视频监控观察并指挥，另一人使用激光笔指向的光斑或其他鲜艳醒目的物品根据观察人员指挥确定需要标定的准确位置。

4. 计算分析法

计算分析法是指利用光线直线传播的原理，对仅拍摄到反光的视频录像进行计算分析的方法。虽然视频监控探头没有直接拍摄到起火点，但通过起火房间内起火点照射到监控区地面的照亮区，通过计算或实地现场实验可判断起火房间内起火点的位置。

四、视频监控的提取和入档

对具有证据效力的视频监控数据应及时使用刻录光盘、优盘、移动硬盘等载体予以提取保存。在分类整理后应将数据材料至少一式两份保存，一份在稳定、耐久的载体上入档保存，一份保存在工作用计算机硬盘上或专用保存电子证据的移动硬盘等存储介质上。为便于视频监控证据的查阅，入档时应当建立视频监控数据的内容说明和索引。

第六节　现场实验

一、现场实验的概念

火灾调查中的现场实验是为了证实火灾在某些外部条件、一定时间内能否发生或证实与火灾有关的某一事实是否存在，而进行的一种实验。现场实验是检验火场物证的一种手段，是验证起火原因及有关证言真实性的一种方法。

从宏观上讲，火灾调查现场实验是基于火灾的各要素（包括燃烧物、通风条件和热源），对火灾行为开展分析、研究火灾蔓延方向、火灾的燃烧强度、燃烧持续时间、对各种物质产生的影响、对火灾环境中的人产生的影响、人在火灾前后行为及事件链条是否完整的实验工作。因此，火灾调查现场实验就是对火灾现场进行重建，对火灾进行分析与认定的过程。

尽管现场实验有较强的针对性，其实验条件和起火条件十分接近，但因火灾的随机性，现场实验并不能使起火过程完全再现。因此，不能以现场实验成功与否作为火灾结论的唯一依据，要结合其他证据进行深入细致的分析研究，综合判断出正确的结论。进行消防责任事故罪、失火罪等刑事案件的现场实验，必须经县以上公安机关主管领导批准，作出现场实验方案，邀请证人参加，并对实验结果记录和保密。

二、现场实验的准备工作

现场实验的成败，取决于对现场实验条件准备的情况。在准备工作过程中，必须根据实验要解决的问题做好条件准备。

①确定实验内容、次数和实验方案。

②确定进行现场实验的时间和地点、环境条件。

③做好参加实验人员的组织工作，必要时请某些专业人员参加。

④准备好现场实验所必需的材料、工具、测量仪器及其他物品。

三、现场实验的内容

现场实验的内容很多，起火原因、引火物、最初起火物、建筑结构、气象条件等不同，模拟内容不一样，常见的实验内容有以下几种。

①某种火源能否引起某种物质起火。

②某种火源距某种物质多远距离能够引起火灾。

③某种火源引燃某种物质需要多长时间。

④在什么条件（温度、湿度、遇酸、遇碱、混入杂质等）下某种物质能够自燃。

⑤某种物质燃烧时出现什么现象（燃烧速率、外观状态）。

⑥某种物质在某种燃烧条件下遗留残留物的化学成分及痕迹特征。

四、现场实验的基本要求

为了保证尽可能准确地重现起火当时的条件和发生的现象，获得准确数据和可靠结论，现场实验应做到以下几点。

①尽量在原来起火地点进行，如果不具备在原地进行实验的条件，可另选择相似条件的地点进行。

②实验时的自然条件，如时间、光线、温度、湿度、风速、风向等应尽量与起火时的自然条件相同或接近。

③应使用火场上原来的起火物品和与现场相同的起火源、起火物进行实验，条件不具备，也要尽量选用相似的物品、起火源、起火物。

④应坚持对同一情况进行反复实验，并变换实验方法，以得出可靠的结论。

⑤实验时，应当邀请两名以上证人参加，现场实验的组织人员应当向他们讲明纪律，且不能随意泄露实验结果。

五、现场实验记录

现场实验不只是检验物证及证言的一种方法，也是获得新证据的手段。因此，正确、完整地记录实验过程和结果，对于查明火灾原因及可能牵涉的诉讼活动均具有重要作用，对现场实验的结果，应该用笔录、拍照、绘图、制作模型等方法加以记录和固定。

现场实验笔录包括以下内容。

①实验的时间、地点，参加人员及其职业、职务。

②通过实验要达到的目的，需要弄清的问题。

③实验的过程，包括是如何组织、进行的，实验的种类、方式，实验发生的现象，实验重复的次数和每次实验的结果等。

④实验得出的数据及结论。

⑤实验结束的时间，以及参加实验人员和证人的签名。

⑥现场实验过程中所拍照片和绘图，可酌情穿插于实验记录中，或附在实验笔录后。应当注意，现场实验必须结合案件全部证据和案情，进行深入

细致的分析研究，才能得出正确的实验结论。

六、现场实验结果的审查

火灾调查现场实验结果受多因素影响，只要有一个因素发生偏差，实验结果就可能出现错误，不能不加以审查就盲目地运用现场实验结果。对现场实验进行审查，会使现场实验的结果更具有说服力，更符合法律要求。司法机关对现场实验的审查应包括以下几方面。

①实验是否严格地按照有关规定进行。

②实验组织实德是否正确、科学。

③参加实验的人员是否具有某种专业知识和专门技能，有无解决问题的能力。

④参加实验的人员与案件有无利害关系，能否客观公正地进行实验。

⑤进行实验人员的生理、心理状态是否正常。

⑥实验结果是否具有充分的事实依据。

⑦实验结果同所搜集到的其他材料有无矛盾。

第四章　火灾现场痕迹

第一节　火灾现场痕迹的含义和种类

一、火灾现场痕迹的含义

从一般的意义上讲，事物运动所留下来的印象或迹象称为痕迹。这里所讲的火灾现场痕迹是指在火灾发生和发展过程中，由于火灾或人为的作用等，在物体上所留下的一切印迹。例如，火灾现场的烟尘分布状况、物品烧损状态、残留的灰烬、电气故障熔点、被移动的物品、人的足迹、尸体等。这些印迹是由于火灾中某种行为或事件所引起的一切宏观和微观的环境和物质变化，能够比较全面地反映火灾发生和发展的主要过程及结果。

火灾现场痕迹的形成和遗留过程依据物质自身的规律进行，它形成后不易受到人的主观意识的影响，是物质相互作用的客观反映。同时，由于火灾痕迹的形成与火灾发生和发展之间存在着客观的因果关系，在火灾调查中，可以通过对火灾现场痕迹的研究和分析，判断火灾发生和发展的过程，并最终为分析和认定起火原因提供重要的证据。

二、火灾现场痕迹的种类

由于火灾现场痕迹种类繁多，在实际应用中，一般采用多种分类方法对火灾现场痕迹进行分类。

（一）按物质形态分类

按物质形态分类，火灾现场痕迹可分为固态痕迹、液态痕迹、气态痕迹三种。在火灾现场中，固态痕迹一般单独存在。气态痕迹、液态痕迹可以单独存在，但大多数情况下吸附在某种固体上。

（二）按痕迹形成原因分类

按形成原因分类，可分为火灾作用痕迹、电气故障痕迹、自然力作用痕迹和人员活动痕迹等。火灾作用痕迹是指在火灾发生和发展过程中，由于燃烧、热辐射、烟气流动以及由火灾引起的倒塌、碰撞等破坏作用，导致物质发生化学、物理变化所形成的痕迹；电气故障痕迹是指由于某种电气故障，导致电能转化为热能等其他形式的能量，作用在电气系统及其周围物体上产生的破坏痕迹，如短路痕迹、过负荷痕迹等；自然力作用痕迹是指自然因素造成物体产生变化而留下的痕迹，如雷击痕迹等；人员活动痕迹是指在火灾发生和发展过程中，由于人在现场内外的各种活动所引起的物品的状态变化等。

（三）按物质特性分类

按物质特性分类，火灾现场痕迹可以分为可燃物燃烧痕迹、不燃物受热痕迹。可燃物是火灾发生、发展和蔓延的主要载体，在火灾现场通常都留有大量的可燃物燃烧破坏痕迹，如木材受热分解后会留下木材燃烧痕迹、可燃液体起火燃烧会留下液体燃烧痕迹等。不燃物虽然不会发生燃烧，但是火灾作用于这类物体上时，会引起物体发生一些变化，留下一定的痕迹，如火场中金属的变形、熔融痕迹等。

（四）按痕迹表面特征分类

按痕迹表面特征分类，可分为燃烧图痕、变色痕迹、变形痕迹、开裂痕迹、分离移位痕迹等。例如，在可燃物表面形成的“V”形燃烧图痕、金属表面的变色变形痕迹、混凝土的开裂痕迹等。

（五）按形成痕迹物质分类

按形成痕迹物质分类，可分为玻璃破坏痕迹、木材燃烧痕迹、液体燃烧痕迹、混凝土受热痕迹、金属受热痕迹、电气故障痕迹等。

根据不同的形成过程和特征，火灾现场痕迹可直接或间接地证明火灾发生的时间、起火方式、起火部位、起火点、起火原因。一种火灾痕迹可能有多种证明作用，如烟熏痕迹在不同的火灾现场，可以证明起火点、蔓延路线和起火时间等。但是在某一具体火灾现场，它可能一种证明作用也没有。一种痕迹的证明作用并不能在每一个火灾现场都能得到体现。另外也不能依赖一种痕迹证明事实，由于火灾现场的复杂性，必须尽量利用多种痕迹并结合其他证据来对一个事实进行证明和认定，只有这样才能使被证明事实更加真实、可靠。

第二节　烟熏痕迹和倒塌痕迹

一、烟熏痕迹

（一）烟熏痕迹形成机理

烟气是物质燃烧或热解的产物，是散发于空气中能被人们看到的悬浮的固体、液体的微小颗粒群。热烟气由于受到燃烧产生的浮力、建筑物内外温差产生的浮力、建筑外部风力造成的压差及空气调节系统造成的压差等驱动力的作用而流动。热烟气在上升和扩散的过程中受到不断卷吸进来的低温空气的冷却，同时通过建筑结构向外导热和向周围物体辐射传热的过程中，距离火焰中心越远，温度越低。而烟气温度的降低会导致烟气颗粒沉降，再加上固体表面的吸附作用等因素，就会在暴露于烟气中的物体表面或物体孔隙内部形成烟熏痕迹。

（二）烟熏痕迹基本特征

在火场中，烟熏痕迹体现的基本特征主要有以下两点。

1. 烟熏痕迹颜色呈黑色，浓密程度不同

烟熏痕迹是指烟气在流动过程中，含有大量游离碳的烟气颗粒黏附于一些物体上形成的一种痕迹，颜色呈黑色。烟气成分非常复杂，主要组成成分以碳微粒为主，还包括气相燃烧产物、未燃烧的气态可燃物、未完全燃烧的液（固）相分解物和冷凝物微小颗粒等。同一种有机可燃物燃烧时，烟气的成分主要取决于燃烧条件，如果通风条件好、供氧充足，就能完全燃烧，烟气中含有二氧化碳、水蒸气及少量二氧化硫、五氧化二磷等完全燃烧产物。相反，通风条件不好、供氧不足，就形成不完全燃烧产物，烟气中含有大量游离碳微粒和一氧化碳及其他复杂的有机物。烟气浓度与燃烧物质种类、数量、氧浓度、温度、湿度等多种因素有关。

烟熏痕迹浓密程度主要由烟气浓度和烟熏时间决定。一般烟气浓度越大、烟熏时间越长，烟熏痕迹越浓重。

2. 烟熏痕迹具有连续性

在火灾过程中，在对流、热压等因素作用下，烟气从低处向高处流动，竖直方向流动速度为2～4m/s，水平方向流动速度约0.5m/s，其流动的方向一般与火势蔓延方向一致。烟熏痕迹一般在距起火点近、面对烟气流动方向的部位（如墙壁）和处于烟气流顶部的物体上首先形成，而后在流向外部的通道上形成。烟气流动的连续性使物体表面上形成的烟熏痕迹也具有连续性，形成浑然一体的特征。

（三）烟熏痕迹的证明作用

1. 证明起火部位和起火点

（1）根据“V”字形烟熏痕迹证明起火点

受燃烧条件和客观环境影响，起火点处通常会形成具有不同形状，有别于非起火点的烟熏痕迹。这是因为火灾初期燃烧不充分，发烟量较大，容易在墙面留下明显的烟熏痕迹。“V”字形烟熏痕迹是烟气圆锥体与墙体等垂直表面相互作用而产生的痕迹。由于烟气向上垂直蔓延速度大于水平蔓延速度，所以在与火焰、烟气流平行的物体或与地面垂直的物体上会留有下窄上宽的“V”字形烟熏痕迹。“V”字形烟熏痕迹的底部可能就是起火点。例如，往墙边纸篓、墙角拖把等处扔入烟头，阴燃起火，就会在墙面上留下明显的“V”字形烟熏痕迹。此外，对于斜面形烟熏痕迹（可看作“V”形烟熏痕迹的一半），起火点在斜面的底端。研究表明，“V”形痕迹开口的大小与壁面材料的燃烧性能、火源的热释放速率、火源的位置、火焰的形状等有关。一般“V”字形呈锐角（10°～20°）时，火源为明火源，燃烧时间较短；呈钝角时，火源为弱火源，燃烧时间较长。

（2）根据圆形烟熏痕迹证明起火点

圆形烟熏痕迹一般形成在火焰、烟气流流动的对应物体底面上。烟气在没有风扰动的情况下向上扩散，炙热的烟气流碰到上方顶棚阻力形成蘑菇状烟云区域，顶棚处集聚的烟粒子多，且火源上方的烟气对流强度大、温度高、热辐射强，因此在起火点上方的顶棚易形成浓密且带有方向性的近于圆形的烟熏痕迹。圆形烟熏痕迹破坏最严重的部位位于火焰的正上方，因此，起火点一般位于圆形烟熏痕迹对应的下面。

(3) 根据门窗上部烟熏痕迹证明起火部位

室内火灾初期阶段，在可燃物上方产生的火焰可分成三个区，从下到上分别是连续火焰区、间断火焰区、烟气羽流区，这三部分合称为火羽流。火羽流由于烟气温度高、密度小的特性而在浮力、膨胀力和烟囱效应等的作用下，使热烟气上升到顶棚，在顶棚阻力的作用下形成顶棚射流使热烟气沿水平扩张，由于热烟气在上升的过程中扩散、稀释和冷却，顶棚的烟气温度降低而沿室内四周的墙壁下降，进而充满室内上部空间，在吊顶下表面、墙壁和门、窗、玻璃内侧等部位上会形成浓密、均匀的烟熏痕迹。当热烟气层下边界超过通风口上沿时，一部分热烟气从通风口排出，在门、窗沿部上方形成浓密烟熏痕迹。在火势蔓延阶段，非起火房间内的可燃物一般还没有燃烧，当火势突破起火房间屋顶后，首先从吊顶内部向相邻房间猛烈发展，由于屋顶迅速塌落，供氧充足，燃烧速度加快，烟气大部分从上部开口处排出，因此非起火房间不宜在吊顶下表面、四周墙壁、门、窗玻璃内侧形成浓密均匀的烟熏痕迹，有时即使形成一些烟熏痕迹，也只是限于直接被烟熏的局部部位，不像起火房间那样形成的烟熏痕迹面积大、浓密、均匀。因此，根据门窗上部明显的烟熏痕迹，可以证明起火房间，并能证明是室内首先起火。

(4) 根据“清洁燃烧”痕迹证明起火点

火灾初期在不燃物表面上形成的烟熏痕迹，由于受到火焰灼烧或热辐射，进一步燃烧，使得这部分烟熏痕迹被烧干净或颜色变淡，呈现局部干净而周围还存在明显烟熏的痕迹，称为“清洁燃烧”痕迹。例如，室内吊顶下表面大部分烟熏均匀，而只有某个局部洁白发亮，则其下部可能是起火点。又如，室外窗户的上部墙面烟熏痕迹均匀连续，只有某间房间窗户上部没有烟熏痕迹，那么这间房子就可能是起火房间。

(5) 根据吊顶上下墙面烟熏痕迹证明起火部位

吊顶上部起火，则其上部墙面烟熏痕迹浓密，下部墙面没有烟熏痕迹或烟熏较轻，门、窗沿部与吊顶下表面等部位一般没有烟熏痕迹，起火部位附近屋檐处局部可能形成由内向外的明显烟熏痕迹。因此，如果吊顶上部墙面上烟熏痕迹浓密，而吊顶下部室内墙壁上烟熏痕迹稀薄，则说明吊顶内先起火；反之说明室内先起火。

2. 证明蔓延方向

火灾过程中，烟气的流动方向一般与火势蔓延方向一致，火灾后可依据烟熏痕迹判断火势蔓延方向。烟气流动的方向性使物体面向烟气流的一面先形成烟熏痕迹，烟熏程度浓密均匀，背面烟熏程度轻，因此根据烟熏痕迹浓重程度变化可以判断出火势的蔓延方向。同时，由于烟气流动的连续性，处在不同空间的物体表面，将先后连续形成烟熏痕迹（如高层建筑火灾，各层对应窗沿部、管道口等对应部位）。对这样的烟熏痕迹，要依据烟气流动规律和烟熏痕迹的形态特征确定烟熏痕迹的起点。一排物体，随着距离初始发烟点距离的增加，其上面产生的烟熏痕迹越来越轻，根据这一点可以判断火势蔓延方向。

3. 证明起火方式

火灾的起火方式分为明火起火、阴燃起火、爆炸起火三种。起火方式不同，现场烟熏程度也不相同。一般情况下，可燃物被明火点燃，会立即燃烧，形成的烟熏痕迹比较轻；阴燃起火从火源接触可燃物到出现火苗，其经历时间很长，此过程中产生大量的烟，在周围物体的表面上会形成浓密、均匀的烟熏痕迹；可燃液体蒸气、可燃气体与空气混合物爆炸起火，则一般烟熏痕迹很轻，甚至没有。

4. 证明可燃物种类

不同性质的可燃物，在燃烧过程中会产生不同数量和不同成分的产物，发烟量、烟的颜色、气味也不尽相同。油类、树脂及其制品因含有大量的碳，即使在空气充足、燃烧猛烈阶段也会产生大量浓烟，燃烧后在周围建筑物和物体上留下浓厚的烟熏痕迹，甚至在地面上也会落下一层烟尘。植物纤维类，如木材、棉、麻、纸、布等燃烧形成的烟熏痕迹中的液态凝结物很可能含有羧酸、醇、醛等含氧有机物；矿物油燃烧的烟熏痕迹中的液态凝结物多含有碳氢化合物；炸药及固体化学危险品发生爆炸、燃烧，在爆炸点及附近发现的烟熏痕迹中可能存在炸药或固体化学危险品的颗粒。由于烟尘中含有可燃物的残留物和热分解产物，可以通过烟尘成分分析鉴定可燃物种类。

5. 证明燃烧时间

根据不同部位烟熏痕迹的厚度、密度、附着牢固程度及烟尘颗粒的扩散深度，可证明燃烧时间。一般地，某处烟熏痕迹比较浓密则该处燃烧时间比较长。有时，烟熏痕迹尽管浓密，但容易擦掉，烟尘颗粒的扩散深度较浅，则说明火灾作用时间较短；反之，则说明火灾作用时间较长。

6. 证明电气开关状态

在现场勘验时，为了查明电气线路或电器通电状态，就要对其控制装置，如闸刀开关、插座等进行勘验，鉴别其火灾时的通电状态。在火灾中，暴露在烟气中的控制装置部件表面一般会形成烟熏痕迹；而处于相对封闭条件下的控制装置部件表面由于烟气不易渗入，一般没有烟痕或很轻，因此可以根据部件表面的烟熏痕迹判定火灾中其是否通电。例如，以闸刀开关形成的烟熏痕迹为例，火灾条件下闸刀开关闭合，两个静片将动片夹紧，烟尘不易渗入，闸刀动片与静片接触部分表面干净，而暴露在烟气中的其他部分表面烟熏痕迹较重，形成明显界线，火灾条件下闸刀断开，闸刀动片没有插入两个静片之间，因此在闸刀动片和静片表面上都会形成连续均匀的烟熏痕迹，没有明显界线。其他的控制装置如插座、取电牌等也可以利用同种方法鉴别其在火灾中是否处于通电状态。

7. 证明玻璃破坏时间

原始火场中，起火前被打碎的玻璃，其贴地一面处于封闭空间，且之前未受到烟熏作用，因此所有玻璃碎片贴地一面均没有烟熏痕迹；而起火后打碎的玻璃，由于玻璃表面暴露在烟气中已形成了烟熏痕迹，打碎时则会形成玻璃碎片贴地一面有烟熏痕迹的情况。因此可以根据玻璃碎片贴地一面有无烟熏痕迹，判断玻璃的破坏时间。当然也可以根据玻璃断面、玻璃碎片重叠部分接触表面的烟熏痕迹，用同样的方法来判断玻璃打碎时间。

8. 证明容器或管道内是否发生燃烧

内装烃类物质的容器、反应器或管道内发生过燃烧或爆炸，其内壁上附有一层烟痕。电缆沟或下水道内如果发生过烃类易燃液体蒸气的爆炸或燃烧，在其内壁也会有烟熏痕迹。

9. 证明火场原始状态

现场勘验时，如果怀疑某件物品在火灾后被人移动过，通过该物品表面因触摸被破坏的烟痕、浮尘，或者移动该物品，看它下面的物件表面上是否有和该物品底部形状一致、没有烟尘的轮廓就可以得到结论。如果一件物品在火灾后被认为从火场拿走，或一个物品从外部移入火场，都可以用类似的方法进行判别。

10．证明火场内死者死亡原因

对火灾现场中发现的死者进行尸检，根据其气管、食道等部位有无烟迹及燃烧残留物，可判断死者是火前还是火灾中死亡。一般火灾前已经死亡的人由于在火灾发生时已经停止呼吸，所以其口腔和呼吸道中没有烟痕。而在火灾中死亡的人在呼吸过程中会吸入烟尘，沉积在口腔、鼻腔、呼吸道等处。

第三节　木材燃烧和液体燃烧痕迹

一、木材燃烧痕迹

（一）木材燃烧痕迹形成机理

木材是天然高分子物质的混合物，其种类很多，现有的木制品可分为纯木（实木）、密度板、细木工板（大芯板）、胶合板、刨花板等，但是其化学元素组成是基本相同的，主要由碳、氢、氧元素构成，还含有少量的氮和其他元素。木材受热时，在其内部和表面发生一系列的物理化学反应。

木材受热后一般会经历干燥、热分解、炭化、燃烧等过程。具体为在火灾过程中，木材从常温逐渐加热，首先是水分蒸发，当温度达到110℃时，水分基本蒸发完全，木材呈现绝对干燥状态；再继续加热，就开始热分解，热分解即由大分子变为小分子直至更小的分子的过程；到150℃左右，木材开始焦化变色；170℃～180℃以上时热分解速度变快，放出CO、CH_4、C_2H_4等可燃性气体和CO_2等不燃气体，最后剩下碳；当温度超过200℃时，木材颜色变深，表面出现黑色，这个过程称为炭化。实验表明，木材的热分解速度从250℃开始急剧加快，热失重显著增加，275℃时最为显著，350℃热分解结束，木炭开始燃烧。经过燃烧，木材不仅表面形态发生了变化（如炭化裂纹形态等），而且木材的形状也发生了变化，即长度变短、截面变小等，形成了木材燃烧痕迹。

（二）木材燃烧痕迹基本特征

1．明火燃烧痕迹

热源是明火源，热能主要以热辐射和热对流的形式传播，燃烧过程比较稳定、全面。木材受明火源加热燃烧后形成明火燃烧痕迹，主要特征是木材表面形成鱼鳞状炭化层，有光泽，炭化与未炭化部分界限分明。随着时间和燃烧温度的变化，木材表面鱼鳞状炭化特征也发生不同变化，一般燃烧时间短，火场温度低，燃烧速度快，形成的炭化层薄（深度浅），裂纹少、裂沟浅；燃烧时间长，温度高，炭化层厚，裂沟加深加宽、裂块数量多，呈大块波浪状痕迹。

2. 辐射着火痕迹

热源对木材以辐射的方式传递热量，使木材发生燃烧，形成木材辐射着火痕迹。由这种方式对木材传递热量，引燃时间相对明火源点燃的时间长，木材热分解时间较长，导致木材炭化层厚、龟裂严重，同时炭化层表面有光泽，炭化层裂纹随温度升高而变短。

3. 受热自燃痕迹

在长时间温度不高的受热过程中，木材经历长时间的热分解和炭化过程，最后发生自燃。例如，与长期发热的烟囱、金属管道等接触的木材，就可能发生自燃形成这种痕迹。受热自燃痕迹的特征是指木材表面形成的炭化层平坦，炭化层深，木材炭化与未炭化部分界限不清，有过渡区。沿传热方向将木材剖开，可依次出现炭化坑、黑色的炭化层、发黄的焦化层。

4. 低温燃烧痕迹

低温燃烧痕迹与受热自燃痕迹特征较为接近，是指木材接触 100℃～280℃左右的热源，在不易散热的条件下，经过相当长时间而发生的燃烧。由于温度低，其热分解和炭化时间更长。低温燃烧痕迹的特征是指具有较深的不同程度的炭化区，炭化层平坦，呈小裂纹。沿传热方向将木材剖开，可依次出现炭化坑、黑色的炭化层、发黄的焦化层，其中焦化层居多。

5. 干馏着火痕迹

干馏着火是在严重缺氧和高温条件下，木材不仅发生热分解，而且发生热裂解，析出木焦油等液体成分，此时如果空气进入，便会立即燃烧。干馏着火痕迹的特征是炭化程度深、炭化层厚而均匀，特别是在炭化木材的下部可发现以木焦油为主的黑色黏稠液体。

6. 电弧灼烧痕迹

电弧灼烧痕迹是电弧直接作用于木材后形成的。电弧的作用时间很短，但温度很高，如果电弧灼烧后，木材未发生明火燃烧或产生火焰后很快熄灭，则其所呈现的特征是灼烧处炭化层浅，与非炭化部分界限明显，而且在电弧的瞬间高温作用下使炭化木材石墨化，石墨化的炭化表面具有光泽，并有导电性。

7. 炽热体灼烧痕迹

热焊渣、通电发热的灯泡、电熨斗、电烙铁等高温固体，虽然表面没有明火，但是温度很高，易引燃可燃物。炽热体灼烧痕迹的特征是指根据炽热体表面温度不同，炭化层厚薄不均，但都有明显的炭化坑、洞，炭化区与非炭化区界限明显。

（三）木材燃烧痕迹的证明作用

1. 证明蔓延方向

（1）根据木材烧损情况判断

火灾现场中，一般距火源近的物体先受热作用，因此距火源越近的物体烧损程度越重。通过分析比较相同或相似物体的烧损程度的轻重，可以认定火势蔓延方向。如在火灾现场经常遇到若干并列木质构件（木梁、檀条木、吊顶木、间墙立柱、门窗、木楼梯扶手、栏杆等）被烧后留下的痕迹，观察比较每个构件的烧损程度可以判断火势蔓延方向。由于燃烧的次序不同，会按火势蔓延方向形成先短后长的迹象。

（2）根据木材受热面和斜茬方向判断

木材先受火的一面受热时间比较长，所以炭化程度重的一面一般为迎火面，炭化轻的一面为背火面。木桩、门窗框等比较大的木质构件，由于先烧的一面比较低，后烧的一面比较高，留下两侧高低不同的斜茬，斜茬面低端为迎火面。

（3）根据木板上烧损缺口判断

由于先受火的一面其边缘烧损和炭化情况比较严重，所以缺口比较大的一面为迎火面。

2. 证明火势蔓延速度

火势蔓延速度越快，对木材的热作用时间越短，形成的木材炭化层越薄，炭化与非炭化部分界限明显。因此，可以利用火场中木材炭化层的厚度、炭化与非炭化部分的界限是否明显证明火势蔓延速度。如果炭化层薄，炭化与非炭化部分界限分明，证明火势强，蔓延速度快；反之，证明火势弱，蔓延速度慢。

3. 证明燃烧时间和温度

(1) 根据炭化深度判断

木材炭化深度是由燃烧时间、受热温度以及木材的种类、含水率等因素决定的。同一类木材比较，其受热温度越高，受热时间越长，炭化深度就越深。因此在现场勘验中，可以通过比较同一类木材的炭化深度，进而比较它们的燃烧时间和受热温度。木材炭化深度可用炭化深度测量仪测量，需注意的是，木材实际炭化深度是被火烧掉的木材厚度与实测炭化层厚度之和。

(2) 利用炭化裂纹形态判断

木材炭化裂纹特征主要体现在裂纹长度、裂纹宽度和单位面积裂纹数目等方面。这些特征可以反映火灾中木材受热温度情况。实验研究结果和火灾现场勘验实践经验证明，随着受热温度的升高，炭化横向裂纹长度变短，而受热时间对其影响不大；木材炭化裂纹的数量随受热温度的升高而增加；木材炭化裂纹的宽度随受热温度的升高而变宽；在同样的受热条件下，随着木材密度的增加，木材炭化裂纹长度较短，数目增加，宽度变窄。

(3) 根据炭化导电性判断

木材燃烧和炭化过程中，根据受热温度和受热时间不同，木材中的碳原子排列发生变化，使炭化木材具有不同的导电性。在火灾现场勘验时，利用万用表、兆欧表测量炭化木材的电阻，可以比较不同部位炭化木材的导电性。同等条件下，炭化层的电阻越低，说明受热温度越高，受热时间越长。此外，如果炭化木材的电阻值很小，则说明其可能受到高温电弧灼烧。

4. 证明起火点

如果在火灾现场中发现木间壁、木货架、木质装饰品等被烧成“V”字形豁口，或者烧成大斜面，则这个“V”字形豁口或大斜面的低点可能就是起火点。

5. 证明起火原因

起火点处的木材燃烧痕迹有时也可以证明起火原因。如在木材表面留下了电弧灼烧痕迹，则说明该处发生过短路等电气线路故障；如在木材表面出现炭化坑，并在其附近可以找到电熨斗、电炉子等炽热体残骸，则说明是由炽热体灼烧木材引起的火灾；在桌子上或木地板上发现一部分炭化深度比较均匀，炭化与非炭化部分界限分明，则说明起火时木材表面可能有液体助燃剂参与燃烧。

二、液体燃烧痕迹

（一）液体燃烧痕迹形成机理

由于液体的流动性和渗透性，液体一般是盛装在容器内或流淌在载体上。在火灾现场中存在的液体燃烧痕迹，主要是指处于容器之外的可燃液体燃烧而产生的，也就是说火场中的液体燃烧主要是在载体上的燃烧，这里的载体指的是液体可以到达的一切部位的物体。载体上液体燃烧，并不是液体本身在燃烧，而是液体蒸发出来的蒸气在燃烧。

由于液体在燃烧过程中会产生热量，使其载体受到热的作用，形成破坏痕迹，即液体燃烧痕迹。因此，液体燃烧痕迹的形成不只与液体本身特性有关，还与液体发生燃烧时的载体的耐火性能、结构疏密程度、形状和所处的位置、环境条件等有关。例如，液体流淌到大理石地面上，由于液体的流动性和大理石材质的特性，液体燃烧痕迹会呈现不规则的流淌变色痕迹；若液体流淌在地毯上，由于液体的渗透性和地毯的较好的浸润性，有时会呈现较多孤立的烧洞、烧坑。

（二）液体燃烧痕迹基本特征

1. 不燃物体表面形成的液体燃烧痕迹特征

对于水泥、瓷砖、大理石、水磨石等不燃地面，当液体与地面接触流淌并燃烧后，会形成液体自然流淌轮廓的燃烧图形，图形内的不燃物以变色、炸裂、起鼓、变形的形式表现出来。有时液体的重组分燃烧时可分解出游离碳，由于液体的渗透性，烧余的残渣和少量碳粒会牢固地吸附到地面上，留下与周围地面有明显界限的液体燃烧痕迹。

2. 可燃物体表面形成的液体燃烧痕迹特征

对于铺设地毯、人造革、木质地板和塑胶等可材料的地面，当液体与其接触流淌并燃烧后，形成的不规则燃烧图痕以炭化、烧毁的形式表现。由于液体的渗透性和纤维物质的浸润性，如果易燃液体被倒在棉被、衣物、床铺、沙发上燃烧后，则会烧成一个坑或一个洞。在木地板上的桌子底下、门道以外、接近楼梯上下口的区域，由于人们经常脚踏摩擦，可将地板局部磨损，如果易燃液体流到这些地板表面被破坏的区域，液体容易渗入木质内部，则这些地方往往形成烧坑。

3. 低位燃烧痕迹

物质燃烧时，由于周围空气受热蒸腾的作用，火焰总是先向上发展，再向水平蔓延，而往下部蔓延的速度则极慢，所以火场上靠近地面的可燃物容易保留下来。但是由于液体的流动性和渗透性，液体在起火前会从高处向低处流动和渗透，在不易烧到的低位发生燃烧，如地板的角落、地板边缘、地板下面发生燃烧，形成低位燃烧痕迹。

4. 特殊情况下的液体燃烧痕迹特征

（1）门里、门外形成的痕迹

一些放火嫌疑人将易燃液体从门外底部或在门的某一部位破拆后向屋内泼洒，由于液体的流动性，发生火灾后，会形成屋里屋外连成一体的燃烧痕迹。

（2）在垂直于地面的物体上形成的痕迹

液体洒在垂直物体上后，一部分渗透到垂直物体上面，大部分流到地面，燃烧后在垂直物体和地面上形成连续的不规则图痕，底部烧得重，图痕上部有向上蔓延的痕迹。

（3）不同形状图痕组成的痕迹

从容器中流出的液体开始在容器周围浸润，随后向低洼处流淌，若此时发生燃烧，就会形成由容器底部形状和与其相连的不规则流淌轮廓组成的燃烧图痕。例如，一些放火嫌疑人为便于逃离现场和不被烧伤，事先摆放一些可燃物蔓延至放火中心的液体部位，然后点燃，就会形成两个图痕相连的燃烧图痕。

（4）呈现木材纹理

由于木材本身疏密不均，其表面存在可燃液体时，木质疏松的地方容易渗入液体，因此燃烧以后，这部分将烧得较深，使木材留下清晰的凹凸炭化纹理。

（三）液体燃烧痕迹的证明作用

1. 证明起火部位、起火点

液体燃烧属于明火燃烧，火焰高、辐射强度大，因此，液体燃烧所在部位周围物体受到辐射热的作用，被烧后形成明显的受热面。受热面朝向都指向火源处，一般情况下起火部位就在该处。此外，液体流动性和渗透性所形成的痕迹，如低位燃烧痕迹处，局部烧出的坑、洞痕迹处，一般就是起火点。

2. 证明起火原因

现场勘验时，在疑似液体燃烧痕迹处提取检材，经鉴定确认含有易燃液体成分，并经调查证实该处起火前没有易燃液体存在，排除其他因素后，就可认定为放火。停放车辆、油桶等部位，由于车辆的油管、开关、油箱或油桶渗漏，造成汽油流淌，遇到火源发生的火灾，现场勘验时通过液体流淌燃烧痕迹，寻找油管、油箱渗漏原因（如偷油者将油箱底螺丝拧开），就能确定起火原因。

3. 证明肇事嫌疑人

易燃液体具有挥发性，燃烧速度快，在易燃液体被点燃时，放火者和与起火部位易燃液体接触的人，来不及撤离现场就被烧伤。由于这些人员在现场中的位置、动作行为差异，在他们的不同部位就会留下不同特征的烧伤痕迹。例如，身上和手上沾上汽油，往往会将衣服烧毁或皮肤烧脱。如果能够找到有“人皮手套”或“人皮面罩”烧伤痕迹的人，则其往往就是嫌疑人。

第四节　玻璃破坏和混凝土受热痕迹

一、玻璃破坏痕迹

（一）玻璃破坏痕迹形成机理

玻璃是一种混合物，主要由二氧化硅及少量氧化钙、氧化钠、氧化铝等物质组成。作为一种常用的材料，玻璃具有许多优良的特性。一是耐腐蚀性。玻璃对于大气中的水蒸气、水和弱酸等具有稳定性，不溶解也不生锈；二是绝缘性。在常温下玻璃的电导率很小，是绝缘体，在高温下玻璃的电导率急剧增加；三是隔热性。玻璃是热的不良导体，可以起到一定的保温作用。玻璃同时还有一些弱点，如一般的玻璃硬且脆，受力时易破碎。

由于玻璃容易被破坏，在火灾中有多种原因可能导致其破碎。

1. 玻璃的机械力冲击破坏

玻璃的机械力冲击破坏是指在外加机械应力的作用下，玻璃破碎、开裂。玻璃是典型的脆性材料，玻璃脆性大的原因是由于表面存在一些肉眼看不到的微小裂纹和缺陷。由于外加应力大于玻璃的强度极限导致玻璃破碎。火灾中玻璃的机械破坏原因包括人为打击、爆炸冲击波、建筑物倒塌破坏等。

2. 玻璃的热炸裂

由于玻璃的导热性很差，在火灾条件下玻璃各部位受热温度不均，产生热应力，玻璃开裂、破坏。例如，当室内温度急变时，窗玻璃内外侧有温差存在，同时同一块玻璃的不同部位也可能存在温度差，这些温差的存在导致热应力产生，当受到火灾作用引起的热应力超过玻璃的强度极限，玻璃便会破裂，称为热炸裂。

3. 玻璃的熔融变形

火灾现场中，若玻璃所处位置温度上升缓慢，就会使玻璃各点温度分布较均匀，随着温度升高，达到玻璃的熔融温度，玻璃就会软化、熔融。因为玻璃是非晶体，没有固定的熔点，熔融变形破坏只有一个温度范围。一般玻璃在 470℃左右开始变形；740℃左右软化，但不流淌；随着温度升高，黏度降低，则开始出现流淌迹象，大约在 1 300℃完全熔化成液体状态。

4. 高温玻璃遇水炸裂

火灾中玻璃升温速度较慢，玻璃在升温过程中未被破坏而均匀升温，当遇到灭火用水的急冷作用时，温度急剧变化，使玻璃表面产生很大应力，当这种应力超过玻璃的强度极限时，玻璃会发生炸裂。

（二）玻璃破坏痕迹基本特征

1. 玻璃机械力冲击破坏痕迹特征

玻璃在外加机械力的作用下，产生的裂纹主要有两种：放射状裂纹和切向裂纹。放射状裂纹是以受力点为中心，向四周呈辐射状分布的裂纹；切向裂纹是以受力点为中心，以某一长度为半径的圆环状或弧状裂纹。若玻璃已破碎落地时，落地碎片尖角锋利，边缘整齐平直。

2. 玻璃热炸裂痕迹特征

当玻璃受到大面积热源作用时，如果热应力超过玻璃的强度极限，将首先在边角处产生裂纹，随着热应力的释放，裂纹逐步扩展，形成相互交叉的树枝状裂纹；当玻璃仅一点受热时，这一点附近的热应力最大，炸裂时形成以受热点为中心，向四周扩展的弯曲裂纹。

3. 玻璃热变形痕迹特征

玻璃热变形痕迹分软化痕迹和熔化痕迹。软化变形痕迹表面呈曲线，碎块卷起凹凸不平、边缘光滑；熔化痕迹完全失去原来形状，呈不规则球状体、条状形态、有多层粘连，边缘呈现一定弧度，无锐角，表面光滑发亮。

（三）玻璃破坏痕迹的证明作用

1. 证明破坏原因

在火灾现场中发现玻璃破坏痕迹时，首先应该判断玻璃的破坏原因，主要是分析玻璃是机械力冲击破坏还是热炸裂。

（1）根据裂纹及碎片形状判断

热炸裂的玻璃，裂纹少时，呈树枝状；裂纹多时，相互交联呈龟背纹状。机械力冲击破坏的玻璃裂纹一般呈放射状，有时也会存在切向裂纹。机械力冲击破坏玻璃的落地碎片要比热炸裂玻璃的落地碎片尖角锋利，边缘平直。

（2）根据落地点判断

热炸裂的玻璃，其碎片一般情况下散落在玻璃框架的两边，各边碎片数量相近；机械力冲击破坏的玻璃碎片，往往向一面散落偏多，有些碎片落地距离较远。

（3）根据残留在框架上的玻璃牢固程度判断

玻璃在火灾作用下热炸裂，由于裂纹多从边角开始产生，大部分脱落后，其残留在框架上的玻璃附着不牢，在冷却后一般会自动脱落；机械力冲击破坏的玻璃，其残留在框架上的，若没经过火焰作用，一般附着比较牢固。

2. 证明受力方向

如果已经判明了某个门或窗子上的玻璃是被爆炸气浪、冲击波或其他外力所击碎的，并且破裂的玻璃没有或未完全从玻璃框架上脱落下来，则可以根据残存玻璃裂纹的断面、棱边某些特征判断受力方向。平板玻璃在外力作用下，破裂前存在一个弹性变形过程，玻璃向非受力一面凸出，由于非受力面凸起变形，裂纹首先在非受力面开始，并产生相应痕迹特征，可利用这些特征确定受力方向。

（1）断面上有弓形线

弓形线是玻璃断面上的弧形痕。手持玻璃碎片，在阳光下变换角度，观察断面，这种弧形痕很容易看清。弓形线以一定的角度和断面的两个棱边相交。相邻的弓形线一端在一面棱边上汇集，另一端在另一面棱边上分开。对于放射状裂纹，弓形线汇聚的一面是受力面；对于切向裂纹，弓形线分开的一面是受力面。

（2）断面棱边上有碎齿痕迹

当玻璃表面产生裂纹较多时，裂纹之间的碎屑会飞溅，在玻璃断面上形成小缺口，称为碎齿痕迹。存在碎齿痕迹的一面为非受力面。

（3）裂纹端部有未裂透玻璃厚度的痕迹

当打击力较小时，玻璃上存在放射状裂纹未穿透玻璃厚度的现象。因为放射状裂纹是从非受力面开始，向受力面一侧扩展的，所以裂纹未穿透的一侧为受力面。

玻璃在外力作用下不仅产生放射状裂纹，有的同时也产生切向裂纹，这种裂纹也有上述三种特征，由于切向裂纹首先从受力这一面产生，因此切向裂纹所证明受力方向的痕迹特征正好和放射状裂纹所证明方向的痕迹特征相反。

（4）打击点背面有凹贝纹状痕迹

当打击力集中，有时使该点非受力面玻璃碎屑剥离，形成凹贝纹状。存在这一痕迹的一侧为非受力面。

玻璃即使已经完全从框架上脱落下来，如果能够通过碎片上的腻子痕、灰尘、油漆、雨滴痕等分清原来位置（里外面），仍可以利用上述痕迹判断破坏力的方向。

3. 证明打破时间

当确认现场某个门窗玻璃为外力破坏之后，还要进一步弄清是火灾前还是火灾后被破坏的。这对判断火灾性质、分析放火嫌疑人的进出路线、被侵害人的逃生路线以及扑救顺序均有重要意义。根据不同情况，一般可从以下两个方面区别。

（1）堆积层不同

火灾前被打破的玻璃，其碎片大部分紧贴地面，上面是塌落堆积层；起火后被打破的玻璃一般在堆积层的上面或中间。

（2）烟熏情况不同

起火前被打破的玻璃，所有碎片贴地的一面均没有烟熏；起火后被打碎的玻璃，一部分碎片贴地的一面有烟熏，只要有一块碎片贴地一面有烟熏，就说明它是起火后被打碎的。

①断面烟熏不同。火灾前被打破的玻璃，其断面上往往有烟熏；火灾后打破的玻璃，其断面比较清洁或烟尘少。

②碎片重叠部分烟熏不同。两块落地碎片叠压在一起，如果下面一块玻璃重叠部分没有烟熏，其他部分有烟熏，说明是火灾前被打破的；如果下面一块上面重叠和非重叠部分都有烟熏，则是起火后打破的。

4．证明火势猛烈程度

由玻璃破坏机理可知，玻璃的炸裂并不取决于其整体温度高低，而主要取决于不同点或两平面的温度差，也就是取决于玻璃的加热速率和冷却速率。火场上玻璃所在处的温度变化速率越大，温度差值越大，玻璃的炸裂就越剧烈。因此，可以根据玻璃的炸裂程度判断燃烧速度或火势猛烈程度。玻璃炸裂细碎、飞散，说明燃烧速度快，火势猛烈；玻璃出现裂纹，还留在框架上，说明燃烧速度和火势为中等程度；玻璃仅是软化，说明燃烧速度慢，火势发展较缓。当然，这里所说的火势猛烈程度，指的是同一火场不同部位的火势比较。

5．证明火场温度

（1）根据玻璃受热变形程度判断

若玻璃发生轻微变形，即玻璃边缘或角上开始变形，出现轻微凸起或凹下，边缘不锋利，手感圆滑，四角仍为直角形式，则其受热温度在300℃～600℃范围内；若玻璃面有明显的凹凸变化，边角已不再维持原形，但仍能推断出原来的形状，则其受热温度为600℃～700℃；若玻璃片卷曲、拧转，或者四个角全部弯成90°以上，有的已很难推测出原有的形状，则其受热温度一般为700℃～850℃；若玻璃发生流淌变形，即玻璃已熔融流淌，表面有大鼓包，有的外形呈瘤状，完全失去原形，则受热温度在850℃以上。在利用玻璃受热变形特征比较火场不同点的温度时，应注意三个问题：一是玻璃变形程度大小，与其厚薄和摆放形式有关。一般厚度大的玻璃变形较小，立放的比平放的变形严重。二是应取火场上相似位置的玻璃进行比较。三是如果火场某处火势猛烈，该处玻璃则易先炸裂，落地后便不易被烧软化。

(2) 根据玻璃受热后遇水产生的裂纹判断

玻璃受热后遇水产生的裂纹的特点是同一厚度的玻璃受热的温度越高，遇水后产生的裂纹数目越多，玻璃片越发白。因此，根据玻璃受热后遇水产生的裂纹形态，可推断出玻璃遇水时所在处的火场温度。

(3) 根据玻璃的硬度变化判断

玻璃受热到某一温度后，其硬度随所受温度升高而增加，受热时间越长，硬度越大。因此，根据玻璃的硬度变化，可分析火场温度及玻璃受热时间。

6. 认定打击玻璃的人员

由于普通玻璃的脆性很大，有一些玻璃会背向受力方向飞溅。因此，放火嫌疑人破窗时，往往有一些玻璃碎片会粘在他的衣服上。在现场勘验时，提取这些玻璃碎片，与现场玻璃碎片进行比对，可认定打击玻璃的人员。

二、混凝土受热痕迹

(一) 混凝土受热痕迹形成机理

混凝土是由凝胶材料（水泥）、粗细骨料以及水（必要时加入外加剂和矿物掺和料）按适当的比例混合，凝结而成的人造石材。在混凝土成型时，水泥主要与水进行水化反应，水泥的水化物中含有不定型的水化硅酸钙，即从水泥组分中 C_3S 及 C_2S 中演化出来的凝胶体 C－S－H（C 表示 CaO，S 表示 SiO_2，H 表示 H_2O），凝胶体约占水化浆体全部总重的 70%；另一种主要组分是氢氧化钙 $Ca(OH)_2$，用 C－H 表示，它以晶体形式混合于凝结体中，其约占全部重量的 20%。

混凝土受热之后，其化学成分会发生变化，从而导致其机械性能改变，形成受热痕迹。具体地讲，当混凝土受热温度达到 100℃以后，混凝土毛细孔中游离的水分蒸发；100℃～150℃混凝土中的水蒸气在孔隙中扩散，可以促使水泥熟料进一步熟化，使其抗压强度增加；200℃～300℃时，由于排除了硅酸二钙凝体吸收的水分，因此氧化钙水合物发生结晶，以及硅酸三钙的水化作用等，结果导致组织硬化，抗压强度增长；300℃以上时，由于混凝土中水化物开始脱水，失去其中的结晶水，混凝土收缩而骨料膨胀，开始出现裂纹，强度开始下降，水泥骨架破裂成块状；537℃时，骨料中的石英晶体发生结晶转变，体积膨胀，混凝土裂缝增大；575℃时，氢氧化钙脱水，使水泥组织被破坏；900℃时，其中的碳酸钙分解，这时游离水、结晶水及水化物的脱水基本完成，强度几乎丧失。

（二）混凝土受热痕迹基本特征

1. 颜色变化

混凝土、钢筋混凝土构件受火灾作用后，在其外部形成不同颜色的受热痕迹。虽然不同的混凝土受热后生成的一些化合物含量不同（如铁的化合物），颜色变化程度有一些差别，但是总的变化规律是一致的。这种颜色变化，可以反映受火灾作用时的不同温度

2. 强度变化

在受热过程中，由于混凝土成分发生变化，导致混凝土强度下降。与自然冷却强度相比较时，水冷却强度下降幅度较大。对于钢筋混凝土来说，钢筋和混凝土的强度、弹性模量随着温度的升高而降低，高温后钢筋的强度恢复比较明显，但是钢筋和混凝土的粘结强度不再回升。所以在经历高温之后，钢筋混凝土的强度损失比普通混凝土更为严重，同时也大于高强混凝土的强度损失。

3. 外形变化

在受热过程中，由于混凝土强度的下降，会出现开裂、脱落、露筋、变形或断裂等外形变化。

（1）开裂

高温时，混凝土中会产生几种应力，主要有：水泥砂浆与骨料之间的膨胀系数不同所引起的应力；钢筋混凝土之间的膨胀系数不同所产生的应力；因为截面尺寸和形状引起的温度梯度产生的应力；在冷却过程中的收缩受限而产生的应力，消防用水的突然冷却效应产生的应力；由于截面内部的温度梯度的非线性产生的应力。在这几种应力的作用下，混凝土会发生开裂。

（2）脱落（剥落）

混凝土脱落大多发生在火灾中，也有的发生在冷却阶段。混凝土多孔结构中的水分受热时蒸发，水蒸气体积膨胀产生的压力也可导致剥落。混凝土的骨料、浇注时间、预应力的大小以及升温速度和温度的高低不同，表面剥落的特征也不一样。

（3）露筋

露筋是指因混凝土在高温下发生爆裂或脱落而使内部钢筋裸露，实际上也是一种脱落痕迹。钢筋混凝土在火灾中受热，由于钢筋的膨胀系数大于混凝土的膨胀系数，钢筋的膨胀促使局部混凝土保护层剥落，使钢筋外露。钢筋混凝土的受热温度越高、时间越长，则露筋面积越大。

（4）变形

由于高温下混凝土的弹性模量会下降，在载荷作用下，一些混凝土构件的形状会发生变化，产生变形痕迹，主要是指梁、板变形与墙、柱倾斜。其主要原因是随着温度的升高，混凝土内部出现裂缝，组织松弛，加之空隙失水失去吸附力，从而造成弹性模量降低，变形增大。在高温下，混凝土的弹性模量的降低幅度要大于抗压强度的降低幅度，特别是温度相对较低时，二者差别更大。在荷载作用下，混凝土构件会发生弯曲甚至断裂。

（三）混凝土受热痕迹的证明作用

在火灾现场，根据混凝土变化情况，可以判断混凝土的受热过程，根据受热情况判断火灾蔓延方向，进而判断起火部位、起火点。

1. 根据颜色变化判断

可以根据不同部位混凝土的颜色变化，分析不同部位受热温度、受热时间的差异，通过对比找出受热温度最高、时间最长的部位，则可能是起火部位。

2. 根据混凝土外观变化程度判断

在火灾中，不同部位的混凝土由于受热温度不同，其强度变化程度不一样，形成开裂、起鼓、脱落、露筋、变形、熔结、折断等痕迹。根据混凝土受热温度不同产生外观变化程度的差别，也可以分析起火部位和起火点的位置。构件混凝土剥落和露筋的程度，应依据剥落的部位和范围大小综合评定，应注意辨别剥落和外露现象是否为本次火灾所造成的。

根据开裂情况判断受热程度时，应该注意勘验裂纹的数量、分布，以及裂纹的深度和宽度。勘验时应该注意，有时裂纹是抹灰层的裂纹，而非混凝土的裂纹，所以必要时可以铲掉抹灰层进行勘验。

3. 根据强度变化判断

有时混凝土受热后外观变化不明显，可以通过检测其强度变化，判断不同部位的受热情况差异，进而推断起火部位和起火点的位置。

检测混凝土强度变化主要利用回弹仪检测不同部位混凝土的回弹值，其原理是根据回弹值判断混凝土的表面硬度，分析其强度质量。一般来讲，在同一现场中对同一构件的回弹值进行检测，回弹值最低的部位，其受热温度最高、受热时间最长。

第五节　金属受热痕迹和短路痕迹

一、金属受热痕迹

（一）金属受热痕迹形成机理

火灾中，金属受热发生变化的原因及过程具体分为以下几个方面。

1. 氧化变色

在火灾条件下，金属表面的氧化反应较常温条件下快得多，产生金属氧化物锈层。如果在高温并在水或水蒸气的作用下会生成一部分氢氧化物，在二氧化碳气氛中还会生成少量碱式金属碳酸盐。铁的氧化物、氢氧化物大多是红褐色，因此其锈层也是红褐色。如果烧红的铁制品受到水流冲击，则会使其表面发青色，并使氧化层剥脱。铜制品的锈层主要成分是氧化铜，呈黑色。在超过 1 000℃时，氧化铜分解失去部分氧转变成褐红色的氧化亚铜。铜在常温下产生的锈层因为含有碱式碳酸铜，所以呈现绿斑的形态，而火灾中铜锈层没有这种产物，即便生成铜的氢氧化物，只需 70℃～90℃就分解变成黑色氧化铜了。在现场勘验时，应注意擦去留在铜件表面的烟尘，以便观察这些锈层颜色。

2. 变形

金属在火灾作用下产生变形的主要原因是火灾中金属的强度降低，由于金属承受荷载的作用，或者金属本身重量的作用，金属会发生变形。同样的荷载下，受热温度越高，则变形越严重。

由于金属的热膨胀系数较大，在火灾中受热后膨胀比较严重。金属两端受到限制或各面被固定的金属，可能产生膨胀变形痕迹。同种金属受热温度越高，热膨胀程度越大，产生的变形也越大。

3. 弹性丧失

金属弹性的产生主要是热处理的结果。热处理时，将金属加工成型后，加热到相变温度以上，快速冷却到室温后再低温回火，即可使部件产生弹性。在火灾中受到热的作用，达到一定温度后，金属退火、弹性丧失。

4. 熔化

当温度达到金属的熔点时，金属会熔化，留下熔痕，表 4—1 为常见金属的熔点。

表 4—1　常见金属的熔点

名称	熔点（℃）	名称	熔点（℃）
钨	3380	铝	660
钛	1677	镁	650
铬	1903	锌	419
铁	1538	铅	327
镍	1453	锡	232
铜	1083	灰口铸铁	1200

5. 组织结构变化

金属在不同的加温、保温和冷却条件下会形成不同的金相组织，因此通过已知的金相组织可以分析受热过程。某些金属材料，如钢板、角钢、钢筋、钢丝以及铜、铝导线等，在加工过程中，金属内部的晶粒形状由原先的等轴晶粒改变为向变形方向伸长的变形晶粒。在受热的条件下，变形金属发生再结晶，其显微组织发生显著变化，被拉长、破碎的晶粒转变为均匀、细小的等轴晶粒。若温度继续升高或延长受热时间，则晶粒会明显长大，随后得到粗大晶粒的组织。

（二）金属受热痕迹基本特征

金属受热痕迹的基本特征主要表现在以下几个方面。

1. 变色痕迹

金属受热温度和时间不同，形成的氧化层颜色也不同。在火灾现场中，处于不同部位的金属，甚至同一金属物体上不同部位也可能存在温差。因此，在其表面上形成的颜色有明显的差异，特别是薄板型黑色金属。一般情况下，黑色金属受热温度高、作用时间长的部位形成的颜色呈各种红色，颜色变化层次明显，特别是温度超过800℃以上的部位，在其表面上还出现发亮的“铁鳞”薄片，质地硬而脆。起火点往往在颜色发红或形成铁鳞的附近或对应的部位。

有些金属涂有油漆或表面采用烤漆、喷塑，可以通过金属表面油漆层被烧变色、裂痕、起泡等变化，找出温度的变化顺序，进而确定起火点或火势蔓延方向。

2. 变形、开裂痕迹

在火灾中，受热作用的金属会呈现变形、断裂痕迹。对于盛放或输送液体或气体的金属容器或管道，在火灾作用下，可能导致容器或管道局部变形甚至开裂。对于金属两端受到限制或各面被固定的金属，可能产生膨胀变形痕迹。

3. 弹性变化痕迹

电气系统中的开关、插座等连接装置，为了保证连接的紧密性，需要有弹簧片、弹簧等支撑；另外，席梦思床垫中有高碳钢材料制作的弹簧。这些具有弹性的金属构件在火灾作用下会失去原来的弹性，形成弹性丧失痕迹。

4. 熔化痕迹

在火灾热的作用下，一般钢铁构件不会被熔化，只有熔点较低的金属能够被熔化，如铝及其合金。熔化过程中，生成金属熔滴、碳瘤，冷却后形成不同形状的熔化痕迹。如果发现钢铁构件上存在熔痕，一般来说是电弧作用的结果。

（三）金属受热痕迹的证明作用

根据金属的受热痕迹，可以分析判断金属的受热温度及过程，从而证明火灾现场中的一些事实。

1. 证明火势蔓延方向

利用金属受热痕迹证明火势蔓延方向，主要是依据金属的熔化痕迹、变形痕迹、金相组织变化等判断。

（1）利用变色痕迹证明

金属受热变色情况，与其受热温度有关。因此，可以通过比较不同部位金属变色情况，判断火势蔓延方向。另外，对于体积较大的金属，受热面和非受热面受热程度不同，变色情况也存在差异，根据这一点可以判断火势蔓延方向。

（2）利用熔化痕迹证明

金属受热温度达到熔点时开始熔化，温度继续升高，作用时间增加时，其熔化面积扩大，熔化程度变重。一般金属形成熔化轻重程度和受热面与非受热面差别的规律与可燃物（木材残留）是基本一致的，即面向蔓延方向的一侧受热温度高，熔化严重，而背火面熔化相对较轻。有时会产生类似于木材残留痕迹的斜茬痕迹，斜茬指向火源。由于火势向前蔓延的同时向上发展，有时会使一排金属残留越来越高，依此可以判断蔓延方向。

（3）利用金属变形痕迹证明

在火灾中，金属的迎火面首先受到火灾热的作用，强度下降。起火点处温度高，受热时间长，变形相对严重。在利用变形痕迹判断时，考虑金属强度变化的同时，还应该考虑金属的荷载，不仅要考虑金属的原始荷载，还要考虑到火灾过程中可能产生的掉落物品砸、碰等造成的临时荷载对金属变形的影响。当没有外加荷载时，由于迎火面受热严重，强度下降更快，金属在重力的作用下变形，其变形方向指向起火点。

（4）利用金属构件金相组织证明

金属受热温度越高，受热时间越长，晶粒越大。因此，根据金属晶粒大小，可以推断其在火灾中所受的温度和作用时间。在火灾现场，比较一排同类型的钢铁构件的金相组织，观察晶粒大小变化规律，可以判断火势蔓延方向。

2. 证明起火点位置

火灾中金属的变化可以反映其受热温度，根据这一规律，可以判断不同部位金属的受热情况，根据受热温度的高低判断起火点的位置。

（1）利用金属变色痕迹证明

在火灾中，由于不同部位金属的受热温度不同，可能形成明显的颜色梯度变化痕迹。根据这一点可以判断受热温度最高的部位，进而证明起火点位置。

对于汽车火灾来说，车身钢板的变色痕迹可以证明起火点的位置。当起火点处于发动机舱内时，发动机盖受到下方热的作用，变色痕迹比较均匀；当起火点处于发动机盖上方时，发动机盖受热不均导致各处变色痕迹出现明显差别。

利用变色痕迹证明起火点时，应该注意一些因素的影响。如果金属在火灾中接触了某些化学物质的话，其变色情况会发生改变。另外，烟熏痕迹对金属的颜色会起到干扰作用，在观察时应注意去掉烟熏层。

（2）利用金属变形痕迹证明

一般认为，起火点处温度最高，受热时间最长。反映到金属上，则强度降低幅度最大，变形程度最严重。

在火灾中，由于金属构件热膨胀受限制、受约束，首先受热和受热温度较高的部位，容易形成热膨胀变形痕迹。如两端被固定的钢架、镶嵌在墙体中的铁窗等，其某一部位受热膨胀产生的应力，会使其先出现变形痕迹，起火部位一般在变形最大部位或者热膨胀最明显的一侧。

（3）根据弹性变化痕迹判断

如果发现沙发、席梦思床垫的某一部位只有几个弹簧失去了弹性而塌落，那么这个部位一般情况下就是起火点。这类火灾多数是烟头等非明火火种引起阴燃，造成靠近起火部位阴燃时间比其他部位长，局部温度也高，使该部位的弹簧先受热失去弹性。当引起明火时，火势发展速度快，使其他部位弹簧受高温作用时间相对短些，因此比阴燃部位弹簧弹性强度降得少。

（4）利用金属熔化痕迹证明

火灾中局部金属被熔化，说明此处受热最严重，可能为起火点。根据金属熔点的高低，依据不同种类金属熔化与未熔化或以同种金属在现场不同地点上熔化与未熔化的区别，判定出火场温度范围或局部受温最高的部位。

3. 证明通电状态

（1）利用开关静片间距证明

在火灾过程中，开关、插座静片的弹性将丧失。如果火灾中处于连接状态，动片处于两个静片之间，则静片间距等于动片的厚度。在火灾作用下金属片失去弹性，由于静片弹性丧失不会恢复原来位置，所以静片间距较大。如果两静片虽已失去弹性，但仍保持正常距离，说明火灾当时它们没有接通，处于断开状态。

（2）利用金属变色痕迹证明

对于电热器具上的金属部件，如果在火灾中只受到火灾热的作用，其受热温度低于受到电热和火灾共同作用。这样，在颜色变化上，电热和火灾共同作用下颜色反映的温度较高。所以根据受热变色痕迹，可以分析金属所受的温度，分析是否受到电热的作用，从而判断在火灾中是否处于通电状态。

（3）利用金属熔化痕迹证明

由于一些金属的熔点较高，单靠火灾热的作用很少能熔化，但在电热和火灾的共同作用下则可能熔化。根据这一点，可以判断通电状态。

4. 证明盛装易燃液体容器原始状态

在现场还可能发现由于热膨胀或爆炸力而引起外部变形的金属容器或管道。根据这些物体变形情况可以分析作用力是来自物体内部还是物体的外部以及作用力的方向。盛装易燃液体的容器，如油桶、煤气罐等，如果在火灾前是密封的，而且容器中盛有液体，在火灾中由于受热，液体大量蒸发，使容器内的压力大大增加，增加了容器的载荷。同时，金属制作的容器在受热后强度会迅速降低。在压力的作用下，容器会向外鼓胀变形，如果压力足够大，容器会在某个薄弱环节开裂。当压力迅速增加时，甚至会导致容器爆裂。现场中发现容器发生上述变化痕迹时，说明容器内存在液体，火灾中处于密封状态，而且说明是火灾导致容器破坏，而不是容器破坏发生泄漏而引发火灾。

二、短路痕迹

短路是最常见的电气线路故障之一，短路发生时会在短路点留下短路痕迹，现场勘验时，发现、提取并鉴别这类痕迹，对于认定起火原因具有十分重要的意义。

（一）短路痕迹形成机理

短路是指电气线路中的不同相或不同电位的两根或两根以上的导线不经负载直接接触。发生短路时，整个电路电流会突然增大，在接触点处产生电弧，电弧的瞬间温度可达 2 000℃以上，远高于常用的金属导线的熔点（铜的熔点为 1 083℃，铝的熔点为 660℃）。因此，强烈的电弧高温作用可使铜、铝导线局部金属迅速熔融、气化，甚至造成导线金属熔滴的飞溅，从而在导线端部或中部形成熔化痕迹。在形成短路熔痕时，受短路电流、接触程度、短路时间等多种因素的影响，其体积的大小和形状都不相同。

（二）短路痕迹基本特征

短路痕迹的基本特征主要体现在熔痕形成的部位、状态、形貌、数量等方面。

1. 短路熔痕的形态

短路痕迹是指导线在短路电流、高温电弧作用下，接触点熔化、冷却后形成具有不同特征的熔化痕迹，主要有以下几种。

（1）短路熔珠

短路熔珠是指导线受短路电弧高温作用，在导线的中部、端部形成的圆珠状短路痕迹。熔珠可能处于导线的正前方，也可能偏在导线的一侧。

（2）凹坑状熔痕

凹坑状熔痕是指导线受短路电弧高温作用后在线径上留下的熔坑。一般情况下是在一根导线上形成熔珠，另一根导线上形成熔痕。这种熔痕的特点是凹坑表面有光泽，但不光滑，有一些小毛刺，有时在凹面上还有微小的金属颗粒。

（3）喷溅熔珠

喷溅熔珠是导线在短路时，从短路点飞溅出的金属液滴在运动中冷却而形成的小圆珠状熔痕。这种熔珠一般有多个，可在短路点附近物体或地面上找到，有时在靠近短路点的导线上就粘有这种小熔珠。火场上发现的喷溅熔珠多为铜熔珠，由于铝在高温下能够发生剧烈的氧化反应而放出大量的热量，所以飞出的金属液滴在运动中不易冷却，掉到地上容易形成熔片。

（4）尖状熔痕

尖状熔痕是导线接触很紧时，短路电流很大，全线过热情况下形成的。此时，由于电流的趋肤效应，熔断处附近导线的表面层熔化，致使导线的机械强度降低，在外力或自身重力的作用下会在薄弱处熔断，在导线上留下尖细的非熔化芯而形成尖状熔痕。这种熔痕的特点通常是失去光泽而呈灰黑色，但有的仍保留其金属光泽。有时，火烧也会形成尖状熔痕。

2. 短路熔痕与火烧壕痕的区别

①短路熔痕与导线本体界限明显；火烧熔痕与本体有明显的过渡区。

②短路的金属没有退火现象；火烧过的金属有相当一部分退火变软。

③短路可形成喷溅熔珠，分布比较广泛；火烧一般不能形成喷溅熔珠，

只能使金属垂直滴落，熔珠的分布范围比较小。

④短路时除短路点熔痕外，金属变形小；而火烧金属变形范围大，甚至会出现多处变形。

⑤短路熔痕在另一条对应的导线上有对应点；火烧熔痕没有对应点。

⑥多股软导线短路时，熔珠附近的多股线是分散的；火烧的多股线熔珠，多股线多处熔化粘连在一起。

3．一次短路与二次短路熔痕的区别

（1）短路点数量不同

一次短路一般只有一个短路点；二次短路有一个或多个短路点。

（2）表面烟熏程度不同

二次短路产生时，周围为火灾环境，存在大量烟尘，烟尘附着在高温的熔珠上，使熔珠表面烟熏严重；一次短路熔珠产生在火灾前，周围是洁净的空气，因而表面无烟熏或烟熏较轻。

（三）短路痕迹的证明作用

在火灾调查中，短路痕迹的证明作用主要体现在以下三个方面。

1．证明起火原因

在现场勘验中发现的短路熔痕，经鉴定确认为一次短路熔痕，且该熔痕所在位置又在确定的起火点处，短路时间与起火时间相对应，并排除起火点处其他火源引起火灾的因素，就能认定这起火灾起火原因是短路引起的。

2．证明起火点和起火部位

根据火灾后电路上短路熔痕形成的时间、部位和电气装置的不同状态（如保护装置的动作状态），就能验证火灾的发生、发展过程，而且可靠性强、准确性高。例如，起火后某个房间的电线绝缘被烧引发短路，使用同一电源的其他房间没有发现短路痕迹，说明火先烧到了有短路痕迹的房间，这是因为线路短路时引起保险动作，当火势蔓延到其他房间时，所烧导线已经没电，则不能产生短路痕迹。在火灾调查中，可以根据电路中总路、总闸断开，所有下属分路都没有电流通过；而分路、分闸、负荷断开，总路、总闸仍在通电的基本常识，以及短路熔痕所处的位置，来判断火势蔓延的方向，为确定起火部位和起火点提供依据。

3. 证明通电状态

用电器具处于通电状态时，在火灾作用下，其电源线上容易产生二次短路熔痕。所以，现场电器电源线上存在二次短路痕迹，说明电器处于通电状态。

第六节　过负荷痕迹

导线允许连续通过而不致使导线过热的最大电流量，称为导线的安全载流量或导线的安全电流。当导线中通过的电流量超过了安全载流量时，就称为导线过负荷。在过负荷情况下，通过电流越大，电流热效应越明显，导体温度会升高，达到绝缘材料和周围可燃物的燃点会引起燃烧，形成火灾。

一、过负荷痕迹形成机理

过负荷痕迹的形成是由于导线发生过负荷时，会发生一系列变化，主要有以下五种。

（一）导线温度变化

导线在过负荷情况下温度会上升，原因在于导线有一定的电阻，在过负荷电流下，电阻消耗电能发热。

由焦耳定律可知，导线的发热量与电流的平方、电阻和通电时间成正比。在电阻不变的情况下，过负荷时间越长导线产生的热量越多，过负荷电流越大导线产生的热量也越多。过负荷情况下导线产生的热量一是通过热辐射和热对流散失到空气中；二是使导线本身温度升高。因而影响导线温度升高的因素有过负荷电流、通电时间、导线种类、散热条件。常用单股绝缘导线通过1．5倍额定电流时，温度超过100℃；通过2倍额定电流时，铜线温度超过300℃，铝线温度超过200℃；通过3倍额定电流时，铜线温度超过800℃，铝线温度超过600℃。

（二）机械强度变化

导线过负荷后，电流引起的高温将使金属强度明显降低，铜导线会出现结疤现象，铝导线甚至会出现均匀断节现象。

（三）导线绝缘层变化

导线线芯在过负荷情况下，整体温度升高，会使其绝缘层受热发生热分解、炭化，甚至燃烧。如聚氯乙烯绝缘导线通过不同倍数额定电流时，导线绝缘层会出现冒烟、起泡、熔软下垂、熔融滴落等现象。

（四）线芯金相组织变化

过负荷条件下，由于电流的热效应，使导线的温度远远超过了在额定电流条件下工作的温度，使破损、变形的晶粒发生回复、长大和再结晶，导线的金相组织由原始的变形晶粒转变为等轴晶粒。

（五）线芯外观的变化

导线过负荷后，将使全线过热，导线趋于熔化，其外观也会发生显著变化。对于铜导线，可能导致截面大小发生变化，使某些部位变细，某些部位变粗，呈现间断的疤痕。铝导线一般不能形成疤痕，这是由于铝的熔点较低，当过负荷使整个导线都被加热达到其熔化温度时，导线会出现多处熔断，形成断节。

二、过负荷痕迹基本特征

导线过负荷会在整个回路中产生过负荷痕迹，这一点和短路时只是短路点产生短路熔痕不同。导线过负荷后，无论从外观还是内部的金相组织都将产生变化并留下相应的痕迹。

（一）外观特征

过负荷痕迹的外观特征主要表现在两方面：一是绝缘层破坏状态；二是线芯熔化特征。由于导线过负荷痕迹与火烧痕迹外观上具有相似性，因此在火灾调查中，主要学会如何鉴别两者的不同，具体分为以下几个方面。

1. 绝缘破坏不同

过负荷导线全回路导线绝缘层从内层向外层烧焦，与线芯脱离，在导线经过的对应地面上可以见到绝缘层被烧后熔化滴落的痕迹。如果是火烧电线引起的，则绝缘层紧紧地粘在线芯上，不易滴落。

2. 线芯熔断状态不同

铜线严重过负荷可形成均匀分布大结疤，火烧的导线结疤从大小和分布距离上不会像过负荷形成的那样均匀。铝导线在电热或火烧情况下会产生“断节”，过负荷比火烧的断节均匀且分布于全线，而火烧只可能产生于火烧的局部。

（二）内部特征

导线受火焰加热和电流热效应所发生的金相组织变化不同。由于火焰的不均匀性，整根导线不同部位不可能都受同样的热作用，因此火烧导线不同的部位金相组织也不同。过负荷形成的电流热效应是沿着整根导线均匀产生的，因此整根导线出现再结晶，其他条件一致的情况下，全线各处的金相组织基本相同。

三、过负荷痕迹的证明作用

当通过现场勘验、物证鉴定确定火灾现场存在过负荷情况时，有以下事实可以被证明。

（一）火灾现场的导线发生了过负荷故障

这种故障可能是火灾前发生的，也可能是火灾中发生的。火灾前过负荷发生的原因多种多样，火灾中过负荷的发生主要是由于火灾的热作用，导致导线绝缘层损坏，不同相位的导线发生粘连性短路，导致导线出现过负荷痕迹。

（二）证明起火原因

当在起火点处的导线被确认发生了过负荷，且通过调查发现过负荷发生于火灾前，又能排除其他火灾原因，则可确定过负荷引发了火灾。

第七节　火灾中人体死伤痕迹

一、火灾中人体死伤的原因

在火灾中，人体死伤的原因主要有以下几点。

（一）火烧

1. 烧伤

一般习惯上将火焰所致的损伤称为烧伤，高温固体接触人体引起的损伤称为灼伤。按照局部烧伤的程度可以分为四度。

（1）Ⅰ度烧伤，又称为红斑

当温度为40℃～50℃时，热作用于皮肤表皮的浅层所致。局部真皮乳头层毛细血管及小动脉扩张充血，表现出红斑。尸体持续受高温作用后，红斑消失。

（2）Ⅱ度烧伤，又称水疱期

当温度为50℃～70℃时，热作用于表皮全层及真皮层所致。表皮细胞坏死，毛细血管及小动脉扩张，通透性增高，大量血浆成分外渗，使表皮与真皮分离形成水疱，水疱内含黄色清亮液体，水疱底组织充血、水肿。死后被烧形成的水疱多为空气疱，疱底组织呈焦黑色。

（3）Ⅲ度烧伤，又称坏死期

当温度为70℃以上时，热作用会伤及皮肤全层，甚至深达肌肉和骨骼，局部组织受热凝固坏死，表面形成棕褐色的焦痂，焦皮周围出血，底部血管扩张，血管内细胞聚积及血栓形成。

（4）Ⅳ度烧伤，又称炭化期

组织经高温作用坏死，水分消失，变黑炭化。炭化组织因皮内干燥和组织强度收缩裂开，胸腹腔破裂，内脏脱出。肢体肌肉中屈肌较伸肌发达，经高温后肌肉干缩变短，四肢常屈曲呈“拳斗姿势”。

2. 烧死

因为烧伤致死，称为烧死。烧伤面积过大时，强烈刺激皮肤感觉神经末梢引起剧烈疼痛，反射性引起中枢神经系统技能障碍，导致原发性休克。体表Ⅱ、Ⅲ度烧伤，造成血管通透性增高，大量液体外渗，导致继发性低血容量性休克，烧伤休克如不及时救治，可迅速死亡。

（二）窒息

1. 一氧化碳（CO）窒息

人体吸入CO后，可以像O_2一样和血液中有输氧功能的血红蛋白结合。CO与血红蛋白的亲和力比O_2大200倍左右，因而可以把氧合血红蛋白（HbO_2）中的氧置换出来，形成碳氧血红蛋白（HbCO）。血液中Hb－CO占血红蛋白总量的比率越大，向大脑和肌肉输送的氧就越少，从而直接抑制细胞的氧化和呼吸，造成内窒息。

2. 其他有毒气体窒息

除CO外，许多含氮的聚合物燃烧都能产生剧毒性气体氰化氢（HCN），如装饰家具中使用的弹性聚亚胺酯泡沫橡胶，在天花板、墙体绝缘材料中使用的刚性聚氨酯泡沫等。其他如头发、羊毛、尼龙、蚕丝、尿素、三聚氰胺和丙烯腈聚合物燃烧也会生成 HCN。这些有害气体可以引起气管、支气管黏膜严重变性坏死、肺水肿，形成假膜性呼吸道炎症而死亡或缺氧死亡。

二、人体死伤痕迹特征

人体死伤痕迹的特征主要体现在以下几个方面。

（一）体表特征

由于人体在火场中很容易暴露并被火灾损伤，故烧痕在身体表面通常能体现出来。

1. 皮肤烧伤痕迹

一般情况下，人体皮肤受到火焰热作用，会呈现出不同的反应。火焰温度不同，作用时间不同，皮肤烧伤的程度不同。如果皮肤表面沾有可燃液体，短时间燃烧，会导致局部皮肤破坏，皮肤表面膨胀松弛，均匀脱落，形成特殊的“人皮手套”痕迹等。

2. 生活反应

人体被烧伤后，创口有生理反应，如创口充血、出血、水肿，血管内形成血栓。即使人在火灾中死亡，体表的生理反应仍有可能保留下来。

3. 眼强闭特征

当被害人生前被火烧时，反射性紧闭双眼，在外眼角处形成皱褶，皱褶内皮肤不被烟熏或烧伤，亦无烟灰、炭末黏附，角膜和结膜囊内亦无烟灰。皱褶凸出部有时可见炭末沉积。由于眼睛紧闭，睫毛仅尖端烧焦。

4. 其他特征

如果是被电击死亡的，尸体表面存在电源斑、电烧伤、电烙印等。如果是爆炸冲击波致死，则尸体存在一定的移位，且可能某一侧存在伤痕。

（二）内部特征

由于人在停止呼吸前，处于生物体活动状态，火灾烟、气、热会通过呼吸系统、消化系统侵入体内，在人体内部留下各种征象。

1. 呼吸道烧伤及炭末附着

人在火灾中急促呼吸的情况下，将燃烧产物，如烟尘、炭末、火焰等吸入呼吸道内，导致呼吸道烧伤，并在鼻腔、口腔、咽喉、气管黏膜中附着烟灰、炭末。

2. 血液中有碳氧血红蛋白

人体吸入一氧化碳后，一氧化碳与血红蛋白结合，形成樱红色的碳氧血红蛋白。这也是被烧死的尸体血液和器官呈樱红色的原因。可以通过检测心血或大血管内血液中碳氧血红蛋白浓度来确认死者是否火灾致死。

3. 口腔、食管、胃及眼皮内可有烟尘、炭末

死者生前有吞咽功能和刺激反射，火场中吸入的烟尘、炭末自口腔咽下，解剖时常发现在食管、胃或十二指肠内留存。刺激反射性眼睑闭合，还会在眼皮内留有烟尘、炭末。

4. 硬脑膜外“热血肿”

火灾的热作用，使颅骨板障内的血管破裂，同时，脑及硬脑膜蛋白凝固、收缩，使硬脑膜与颅骨内板分离，致硬脑膜上的小静脉或硬脑膜外动脉被撕裂出血，血液流入硬脑膜剥离后所形成的空隙内，形成硬脑膜外血肿。血肿呈砖红色蜂窝状，与颅骨内板紧贴，易从硬脑膜上剥离。火灾致硬脑膜外“热血肿”应注意与生前外伤性硬脑膜外血肿的区别。

（三）火灾对尸体的影响

通常，火灾能导致尸体肌肉收缩、关节弯曲，特别是四肢关节处非常明显。死者的这种“拳斗姿势”与其生前的活动动作无关，这是火灾作用的结果。

火场高温还会使人骨收缩，使身长变短。另外，新鲜潮湿的骨头在高温下会由于湿气受热膨胀而散裂。

火场高温能使少量血液从尸体的鼻孔、耳孔等处渗出，但由于肌体组织已被烧焦，渗出的血液量有限，因此火灾时尸体附近没有明显的血迹。如果情况相反，则说明可能是生前遭受外力创伤所致。火灾高温可能导致皮肤开裂，内脏从腹部凸出来，这需要调查人员将其与钝器挫伤开裂加以区分。

一般来说，框架结构的住宅火灾所达到的火焰温度和持续的时间并不足以完全损毁成年人的骨骼，甚至人体的软体组织也有可能保留下来，这是因为人体组织内含有大量的体液，起到保护作用，但经受高温尸体尺寸会缩小。如果尸体被金属家具或坐垫弹簧支撑悬空，充分暴露在高温火焰之中，此时尸体损毁程度可能更严重。

在一些特定条件下，即使房屋没有被烧毁或者附近没有其他燃料，尸体也能被烧成灰烬。人们称这种现象为“人体自燃”。“人体自燃”现象的发生，事实上也完全遵循燃烧学理论。点燃的香烟、加热器具等首先将服装或被褥等可燃物点燃，形成缓慢、低释放热的燃烧。受害者因吸入烟气或CO，有时在毒品和酒精的麻醉作用下，失去行动能力，不能逃生。几分钟后皮肤被烧裂开，皮下脂肪融化流出成为燃料，脂肪燃烧时会产生浓烟，高温分解产物浓缩在附近表面成为褐色或黑色的油状烟灰。室内家具和身体脂肪像油灯或蜡烛中的油或蜡那样源源不断地提供燃料，最后由于热、燃料和空气的动力学作用，发展成为缓慢、稳定的小火焰燃烧，产生的辐射热并不足以导致火势蔓延。如果死者所处的位置便于脂肪融化、流出，加上死者附近有易燃的燃料，如绒毡填充料、被褥、装饰材料，这些材料在燃烧后形成坚硬的炭化层，能吸收融化的脂肪，从而成为“灯芯”。这样，脂肪不断融化渗透到多孔的“灯芯”材料中或者流淌到火源上，尸体就会像蜡烛一样慢慢地燃烧，直到所有的脂肪组织都被烧完。

三、人体死伤痕迹的证明作用

（一）证明火灾性质

火场中的尸体，如果检查鉴定发现有非火灾致死迹象，如在火灾前钝器伤致命，毒药中毒死亡，外部机械窒息性死亡等，这时检查呼吸道一般较清洁，尸体一般也不会呈强闭眼状，这说明很可能是杀人焚尸案件。如果尸体经检查具备火灾致死特征，应进一步分析死者被困火场的原因。检查是否存在故意强迫约束迹象，有时捆绑手脚的绳索可能在火中烧失，这时应注意观察尸体的手腕、脚踝是否紧紧并拢，关节处皮肤与周围皮肤相比是否呈环状烧轻或烧重，关节下方附近是否有可疑捆绑物残骸或炭化物等。

（二）证明火灾蔓延方向

人受火威胁时，具有极强的逃生欲望。因此，一般都背离火源方向，朝着通道或出口的方向逃生。火灾后，尸体位置有的在出口被阻碍部位，头朝出口方向，有的在墙角或床、沙发等家具下，一般头内脚外呈俯卧状，有的离开原来地点，死在另外的位置。尸体在火灾现场中的位置、姿态，都能用来判断火势蔓延方向。

（三）证明起火部位、起火点

尸体的某一侧或一面形成烧伤痕迹，其他部位未被烧，一般形成烧伤痕迹的一侧或一面迎着火势蔓延方向或爆炸冲击波方向。这种单侧面烧伤痕迹就很好地指向了起火部位。

醉酒者、老弱病残者卧床吸烟引起火灾，烧伤痕迹特征通常证明尸体所在位置就是起火点。例如，醉酒卧床吸烟者经常是夹烟的手指受烧严重，该处床铺炭化严重，以此向其他部位渐轻，死者死亡原因为窒息死亡。这说明尸体所在位置即是首先起火的位置。

（四）证明死伤原因

尸体暴露部分的皮肤表层被均匀烧脱，形成了“人皮手套”或“人皮面罩”等，说明这些部位可能接触了易燃液体。火灾致死尸体的衣服、暴露的皮肤被烧均匀，通常证明是气体爆炸燃烧波作用的结果。

尸体与其生前所在位置存在受推力作用产生的位移，衣服部分撕破剥离，尸体某一方向皮下充血，内脏器官破坏，说明可能是爆炸冲击波作用所致。

尸体上有“天文”状烧伤痕，身体局部烧伤或穿孔，脚底、鞋底炭化或大脑与心脏有电击征象，这是雷击所致。

第五章　火灾事故调查分析与认定

第一节　火灾事故调查分析

一、火灾事故调查分析的种类和内容

根据火灾事故调查分析所处的阶段与层次，火灾事故调查分析可以分为随时分析、阶段分析和结论分析三类。

（一）随时分析

火灾事故调查的分析研究工作，贯穿于整个火灾事故调查工作过程，无论是对痕迹物证与火灾事实之间关联的研究判断，还是对知情人陈述内容真假虚实的审查辨识，都离不开分析研究。随时分析是火灾事故调查分析的基础。

（二）阶段分析

阶段分析是指在火灾事故调查进行到一定程度，根据初期的现场勘验、调查询问、物证鉴定等情况，为准确分析确定火灾性质、起火方式、起火时间、起火点等内容，纠正火灾事故调查方向存在的偏差与错误，进一步明确现场勘验、询问的重点和方向而进行的分析研究工作。阶段分析是火灾事故调查分析的深入。

（三）结论分析

结论分析是指在火灾现场勘验、询问、物证鉴定工作全部完成以后，最后对获取的事实和线索进行的综合分析与研究。火灾事故调查的基本工作结束后，火灾事故调查指挥人员要组织全体调查人员及相关的技术人员对现场勘验、询问、物证鉴定所获取的证据材料进行汇总、分析，以便对整个火灾

过程和火灾现场所反映出来的事实有一个比较全面的、正确的和客观的认识。结论分析为最终准确认定起火原因和火灾灾害成因提供依据，是火灾事故调查分析的集合。

二、火灾事故调查分析常用的逻辑方法

火灾事故调查分析中常用的逻辑方法，主要包括比较、分析、综合、假设和推理等。在整个火灾事故调查过程中能否正确地运用这些方法，对火灾事故调查工作的成败是至关重要的。

（一）比较

比较就是指根据一定的标准，把彼此有某种联系的事物加以对照，经过分析、判断，然后作出结论的方法。

1. 比较的对象

比较的基本目的就是认识比较对象之间的相同点和相异点。比较既可以在同类对象之间进行，也可以在异类对象之间进行；比较还可在同一对象的不同方面、不同部位之间进行。

2. 比较的内容

（1）分析火势蔓延方向时的比较

①求同比较。即找出同类痕迹及其相同点。

②求异比较。即找出同类痕迹的不同点或同一物体上不同部位燃烧痕迹的不同点。

③垂直比较。即从垂直空间中找出各层次痕迹物证的相同点、相异点。

④水平比较。即从平面空间上找出各部分痕迹物证的相同点和相异点。

（2）判定起火点时的比较

①起火部位与整个火灾现场对比。根据调查结果，设定一个起火部位后将其与整个火灾现场进行仔细比较，以判明该部位是否属于燃烧最重的部位，更重要的是将该部位与全部火灾现场比较，找出以此为中心向四周蔓延火势的痕迹物证。

②不相邻物体对比。就是不相邻物体之间要进行相向、背向、顺向对比。

③毗邻对比。即把火灾现场中彼此相连的物体进行对比。

④同一物体各部分之间对比。这是对同一物体的内部与外表、前与后、

左与右、上与下各方面的对比分析。

(3) 对证人证言和犯罪嫌疑人口供的比较

①同一证人多次对同一事实的陈述进行比较，以验证证人证言的正确性。

②多个证人对同一事实的陈述进行比较，以验证证人证言的正确性。

③同一犯罪嫌疑人多次对同一事实的供述进行比较。

④多个犯罪嫌疑人对同一事实的供述进行比较。

⑤证人证言和犯罪嫌疑人对同一事实的供述进行比较。

(4) 对现场勘验、物证鉴定结论、证人证言、犯罪嫌疑人口供相互比较

①将现场勘验中所发现的证据与物证鉴定结论进行比较。

②将现场勘验中所发现的证据与证人证言或犯罪嫌疑人口供进行比较。

③将物证鉴定结论与证人证言或犯罪嫌疑人口供进行比较。

3. 比较中应注意的问题

①在进行比较时，相互比较的事实必须是彼此之间有联系的、有可比条件的。

②在进行比较时要有比较的标准。

③在进行比较时，要用同样的标准对同类痕迹物证进行比较。

(二) 分析

分析就是将被研究的对象分解为各个部分、方面、属性、因素和层次，并分别加以考察的认识活动。比较只能了解火灾事故调查事实的相同点和相异点。要进一步研究这些相同点和相异点的特征、形成原因、说明的问题、与火灾的蔓延和起火原因的关系，还必须用分析的方法对各个事实分别进行分析和研究。就某场具体火灾而言，它的发生和发展受很多因素的影响，如可燃物的种类和数量、着火源的特性、现场客观条件、人们的生活和生产活动等，只有对这些因素进行客观的分析，才能得出正确的结论。

(三) 综合

综合就是将火灾过程中的各个事实连贯起来，从火灾现场这个统一的整体来加以考虑的方法。分析法研究的是火灾过程中各个事实的特征、形成的原因和能证明的问题。而实际上各个事实都不是孤立的，它们都是火灾现场整体的一部分。各个事实在起火和蔓延的过程中相互联系、相互依存和相互作用。因此，从火灾现场整体上分析研究各个事实，连贯地研究它们之间的

关系，使调查中获得的事实在火灾现场统一体中有机地联系起来是非常必要的。只有综合才能从认识局部过渡到认识整体，从认识个别事实的特征到认识火灾发生发展过程的本质。

（四）假设

假设是依据已知的火灾事实和科学原理，对未知事实产生原因和发展的规律所作出的假定性认识。火灾事故调查过程中的假设就是推测，可以根据调查事实对某些痕迹物证形成的原因作出推测，也可对起火时间、起火点的位置作出推测，还可以对起火原因作出推测。假设要注意如下几个问题。

①必须从实际出发，以事实为依据。

②必须根据实践经验、科学原理进行假设。

③假设时必须考虑一切可能的原因。

④假设不是结论而是推测。

⑤任何假设必须进行验证。

（五）推理

推理是从已知判断未知、从结果判断原因的思维过程。火灾现场勘验和调查询问得到事实是已知的，要从已知判断未知，首先要对已知的事实进行去粗取精、去伪存真的加工，根据事实的真实性和可靠性决定取舍。其次要对事实进行由此及彼、由表及里的分析与研究，既要依据科学原理和实践经验找出其间的因果关系，又要依据调查事实、科学原理和实践经验判断火灾发生和发展过程，从火灾发生和蔓延过程去分析与认定起火点，从与起火点相关的客观事实出发去认定起火原因。

三、火灾事故调查分析的基本要求

（一）从实际出发，尊重客观事实

火灾现场存在的客观事实是火灾事故调查分析的物质基础和条件，因此，在分析之前要全面了解现场情况，详细掌握有关现场的详细材料。进行分析时，应注意分门别类、比较鉴别、去伪存真，要尊重火灾现场客观事实和发展变化规律，切忌主观臆断，更不能伪造证据材料。

（二）既要重视现象，又要抓住本质

火灾现场的各种现象错综复杂，痕迹物证的形态千差万别，每一种现象、每一个痕迹物证既是火灾现场的表面现象，同时也包含了与火灾事实相关联的本质。然而，在这错综复杂、千差万别的现象和痕迹物证中，只有能够证明起火原因和火灾灾害成因的有关材料和证据是火灾事故调查的关键材料，是众多现象中最根本的本质。因此，在进行现场分析时要重视每一个现象，即使是点滴的情况和细小的痕迹物证，都应认真地分析和研究它们。同时在这些现象中，着重分析研究与起火原因和火灾灾害成因相关联的情况与现象，紧紧抓住调查的本质和关键。

（三）既要把握火灾燃烧的一般规律，又要具体问题具体分析

火灾同其他自然现象一样，都有其共同的规律和特点。进行火灾事故调查时应善于利用这些规律和特点来指导火灾事故调查工作。不同类型的火灾，其发生、发展的成因、过程是不相同的，不但需要总结、掌握不同类型火灾各自的规律和特点，还要注意比较两者间的相同点和差异，加深对火灾燃烧的一般规律的把握与认识。即使是同种类型的火灾，在具体形成过程中也存在各种差异，因此，在火灾事故调查中，在抓住普遍规律的基础上，要重点找出其特殊性，并分析研究某些特殊现象与火灾的本质联系，不能凭主观上的合理性，而视火灾发生后的一些情节为千篇一律的内容。

（四）抓住重点，兼顾其他

火灾事故调查时，要学会从大量的材料中抓住问题的关键和找出待解决的主要矛盾，并且学会兼顾其他。在开始分析火灾原因时，不能把思维仅局限于一种可能性，从而造成判断僵化；要放开视野，努力找出两种或者两种以上的可能性。既要分析可能性大的因素，又要兼顾可能性小的因素；把可能性大的因素暂时先定为重点进行重点分析。一旦发现重点不准时，就要灵活而又不失时机地改变调查方向，不致顾此失彼。分析中既要防止不抓主要矛盾、面面俱到，又要防止只抓重点、忽略一般。

第二节　火灾性质和起火特征的分析与认定

一、火灾性质的分析认定

根据火灾发生时是否存在主观故意以及是否有能力预料和抗拒，把火灾

分为放火、失火和意外火灾三种。不同性质的火灾，其社会危害性不同，参与调查的主体、调查的法律依据及处理方法也不同。

（一）放火

放火是危害公共安全的犯罪行为，其主要特征是以故意制造火灾的方法危害公共安全。在调查火灾过程中，有证据证明具有下列情形之一的，可以认定为放火嫌疑案件。

①现场尸体有非火灾致死特征的。

②现场有来源不明的引火源、起火物，或者有迹象表明用于放火的器具、容器、登高工具等物品的。

③建筑物门窗、外墙有非施救或者逃生人员所为的破坏、攀爬痕迹的。

④起火前物品被翻动、移动或者被盗的。

⑤起火点位置奇特或者非故意不可能造成两个以上起火点的。

⑥监控录像等记录有可疑人员活动的。

⑦同一地区相似火灾重复发生或者都与同一人有关系的。

⑧起火点地面留有来源不明的易燃液体燃烧痕迹的。

⑨起火部位或者起火点未曾存放易燃液体等助燃剂，火灾发生后检测出其成分的。

⑩其他非人为不可能引起火灾的。

火灾发生前受害人收到恐吓信件、接到恐吓电话，经过线索排查不能排除放火嫌疑的，也可以作为认定放火嫌疑案件的根据。

（二）意外火灾

意外火灾又称自然火灾，是指由于无法预料和抗拒的原因造成的火灾，如雷击、暴风、地震、干旱等原因引起的火灾或次生火灾。调查人员可以根据发生火灾时的天气等自然情况、火灾周围地区群众的反映、现场遗留的有关物证进行认定。如雷击火灾，不仅有雷声、闪电等现象，通常还会在建筑物、构筑物、电杆、树木等凸出物体上留下雷击痕迹，如雷击痕迹、金属熔化痕迹等。有时雷击火灾还会有直接的目击证人。

除自然因素外，意外火灾还包括在研究试验新产品、新工艺过程中因人们认识水平的限制而引发的火灾，如新材料合成试验过程中引发火灾等。

（三）失火

失火是指火灾责任人非主观故意造成的火灾。火灾的发生并不是责任人所期望的，这是失火与放火的最主要区别。失火在火灾总数中占绝大部分。

非主观故意主要表现为人的疏忽大意和过失行为。在此类火灾中，责任人本身也是火灾的受害者。尽管是过失行为，如果火灾危害结果严重，根据责任人的职责和过失情节可分别构成失火罪、消防责任事故罪、危险品肇事罪和重大责任事故罪。

失火是除放火和意外火灾外的所有的火灾，在调查分析中通常利用剩余法来确定此类火灾性质，当排除放火和意外起火的可能性后，火灾的性质就属于失火。

在实际工作中，常会遇到放火者利用意外起火或失火的某些特征来制造假的火灾现场。因此，要注意发现和收集具有不同特征痕迹物证，并配合细致的调查询问，在掌握一定的可靠材料的基础上进行火灾性质的分析，才能得出正确的结论。

分析火灾性质、关键在于分析是否存在主观故意，火灾的发生是否非人力所不能避免，因此收集这些方面的证据很重要。

二、起火特征的分析认定

（一）阴燃起火特征分析

阴燃起火，从引火源接触可燃物质开始，到出现明火为止，其经历时间从几十分钟至几个小时，甚至十几个小时，个别的能达到几十个小时。这种起火方式，在生产和生活中经常可以遇到，而且在火灾现场的特征比较明显。

1. 发生阴燃起火的情况

（1）点火源为微小火源

微小火源主要指那些非明火的点火源，如燃着的香烟头、烟囱火星、热煤渣、热炭、炉火烘烤等。由于这些火源传递的能量较小，引燃能力较弱，与可燃物作用时，往往只能使可燃物发生阴燃，无法直接产生明火燃烧。

（2）起火物偏好阴燃

有些物质不易产生明火燃烧，更偏好阴燃，如锯末、胶末、谷糠、成捆的棉麻及其制品等。这类物质受到火源作用后，一般要经过缓慢过程才能够发出明火，即存在一个明显的阴燃过程。

（3）自燃性物质起火

自燃性物质，如植物产品、油布、鱼粉、骨粉等处于闷热、潮湿的环境中能够发生自燃。自燃的过程包括发热、热量的积蓄、升温、引燃等过程，其中引燃阶段存在阴燃过程。

2. 阴燃起火的特征

阴燃起火时，由于起火物早期燃烧速率较慢，经历时间较长，现场又缺乏明火焰紊流扰动，因此火灾现场具有如下明显特征。

（1）烟熏痕迹明显

由于阴燃起火时物质燃烧不充分，发烟量大，在现场往往能够形成浓重的烟熏痕迹。

一些可燃物在燃烧时，即使是明火燃烧，也会产生大量的烟尘，在现场形成浓重的烟熏痕迹。例如石油化工产品，包括汽油、柴油、煤油、塑料等，分析认定起火方式时应该考虑这一点。

（2）具有明显的炭化中心

阴燃起火时，起火点处经历了长时间的阴燃过程，受热时间较长，但是由于燃烧不充分，因此容易形成炭化区。这种炭化区因燃烧物和环境条件的不同，范围大小不同。当阴燃转变为明火燃烧后，火势随即向四周蔓延。

（3）伴有异常现象

阴燃时，阴燃物质会产生烟气或者是水分蒸发而产生白色烟气，有的物质阴燃时会产生一些味道。这些现象容易被人发现，是阴燃起火的重要特征之一。

（二）明火引燃特征分析

明火引燃是可燃物在火源作用下，迅速产生明火燃烧的一种起火方式，由于燃烧速度快，现场具有鲜明的特征。

1. 火场的烟熏程度轻

在明火引燃条件下，可燃物迅速进入明火燃烧状态，燃烧比较完全，发烟量比较少，与阴燃起火相比，火灾现场的烟熏程度较轻，有的甚至没有烟熏。

2. 物质烧损比较均匀

由于明火引燃火灾中火势发展较快，不同部位受热时间差别不大，总体上看，物质的烧毁程度相对比较均匀。

3. 无明显炭化区

起火物被迅速引燃后，火势开始向四周蔓延。与此同时，起火物继续有焰燃烧，造成起火点处可燃物炭化程度与四周相差不明显，甚至没有差别，在起火点处形成较小的炭化区，往往难以辨认。

4. 有较明显的燃烧蔓延迹象

明火引燃火灾蔓延较快，容易产生明显的蔓延痕迹，如物质不同方向上的受热痕迹、物质残留量的变化等。根据这些痕迹，可以分析认定火势蔓延方向，以及起火部位和起火点的位置。

（三）爆炸起火特征分析

爆炸起火是由于爆炸性物质爆炸、爆燃，或设备爆炸释放的热能引燃周围可燃物或设备内容物形成火灾的一种起火形式。爆炸起火的主要特征可分为以下几个方面。

1. 爆炸起火时易被人感知

爆炸起火时，由于能量释放剧烈，往往伴随着爆炸的声音，同时迅速形成猛烈的火势，所以，一般在爆炸的瞬间即可被人发现，容易找到目击证人。

2. 现场破坏严重

爆炸起火中，除了燃烧造成的破坏之外，还有冲击波的破坏作用，所以具有较强的破坏力，常常导致设备和建筑物被摧毁，产生破损、坍塌等，其现场破坏程度比一般火灾更严重。

3. 现场存在较明显的中心

由于爆炸冲击波在传播的过程中迅速衰减，其破坏作用逐渐减弱，所以爆炸中心处的破坏程度较重，形成明显的爆炸中心，有的爆炸（如固体爆炸物爆炸）能形成明显的炸点或炸坑。在爆炸中心周围，可能存在爆炸抛出物，距中心越远，抛出物越少。可以根据破坏程度、抛出物的分布以及设备或建筑物的倒塌方向等，判断爆炸中心的位置。

第三节　起火时间和起火点的分析与认定

一、起火时间的分析认定

（一）分析和认定起火时间的主要依据

下列证据材料可以作为认定起火时间的根据：最先发现烟、火的人提供的时间；起火部位钟表停摆时间；用火设施点火时间；电热设备通电时间；用电设备、器具出现异常时间；发生供电异常时间和停电、恢复供电时间；火灾自动报警系统和生产装置记录的时间；视频资料显示的时间；可燃物燃烧速度；其他记录与起火有关的现象并显示时间的信息。具体内容分析包括以下几个方面。

1. 根据证人证言分析认定

起火时间通常首先从最先发现起火的人、报警人、接警人、当事人、扑救人员等提供的发现时间、报警时间、开始灭火时间；公安机关消防、企业消防及单位保卫部门接警时间；最先赶赴火灾现场的公安机关消防、企业消防队及有关人员到达时间；火场周围群众发现火灾的时间及当时的火势情况来分析和判断。发现人和报警人因为当时急于报警或进行扑救，往往忽视记下发现时间，在这种情况下，可以根据他们的日常生产和生活活动，及其他有关现象和情节中的时间作为参照进行推算。例如，根据发现人和当事人上下班时间、火车汽车的始发和终止时间、从收音机听到某台某一新闻时间、看电视节目的内容和情节时间等进行推算。

2. 根据相关事物的反应分析认定

若火灾的发生与某些相关事物的变化有关，或者火灾发生时引起一些事物发生相应的变化，那么这些事物的变化情况可用来分析起火时间。因此，可以通过向有关人员了解，查阅有关生产记录，根据火灾前后某些事物的变化特征来判定起火时间。例如，某化工厂反应器发生爆炸导致火灾，可以根据控制室有关仪表记录的此反应器温度或压力的突变时间来进行推算。如果火灾由电气线路短路引起的，则可以从发现照明灯熄灭的时间、电视机的停电或电钟、仪表的停止的时间来判断起火时间。此外，也可从电、水、气的送与停的时间来推算起火时间。火灾发生时，建筑物内的自动报警、自动灭火设施，正常情况下都能以声响、灯光显示等形式立即报警，并将报警时间自动记录，可以根据这些记录正确地分析出起火时间。自动红外防盗报警装置也能反映和记录起火时间和起火部位。

3. 根据火灾发展阶段分析认定

不同类型的建筑物起火，经过发展、猛烈、倒塌、衰减到熄灭的全过程是不同的。根据实验，木屋火灾的持续时间，在风力不大于 0.3 m/s 时，从起火到倒塌为 13min～24min。其中从起火到火势发展至猛烈阶段所需时间为 4min～14min，由猛烈至倒塌为 6min～9min。砖木结构建筑火灾的全过程所需时间要比木质建筑火灾的时间长一些；不燃结构的建筑火灾全过程的时间则更长。根据不燃结构室内的可燃物品的数量及分布不同，从起火到其猛烈阶段需 15min～20min，若至不燃结构倒塌则需更长的时间。普通钢筋混凝土楼板从建筑全面燃烧时起约在 2 h 后塌落；预应力钢筋混凝土楼板约在 45min 后塌落；钢屋架约在 25 min 后塌落。

4. 根据建筑构件烧损程度分析认定

不同的建筑构件有不同的耐火极限。当超过耐火极限时，建筑构件背火面平均温度会超过初始温度 140℃或单点最高温度超过初始温度 220℃，或者发生穿透裂缝，从而阻挡火灾蔓延的作用。超过耐火极限后，建筑构件可能会因为机械强度降低而失去支撑能力。例如普通砖墙（厚 12cm）、板条抹灰墙的耐火极限分别为 2.5h 和 0.7h；无保护层钢柱、石膏板贴面（厚 1.0cm）的实心木柱（截面 30cm×30cm）的耐火极限分别为 0.25h 和 0.75h；板条抹灰的木楼板、钢筋混凝土楼板的耐火极限分别为 0.25h 和 1.5h。根据建筑构件的烧损程度，结合其耐火极限，可以判断这种构件的受热时间，进而分析起火时间。

5. 根据物质燃烧速度分析认定

不同物质的燃烧速度不同，同一种物质燃烧时的条件不同其燃烧速度也不同。根据不同物质燃烧速度推算出其燃烧时间，可进一步推算出起火时间。例如，可以根据木材的燃烧速度，利用其烧损量计算燃烧时间。汽油、柴油等可燃液体贮罐火灾，在考虑了扑救时射入罐内水的体积的同时，通过可燃液体的燃烧速度和罐内烧掉的深度可推算出燃烧时间。其他物质火灾的起火时间也可采用此法推算。

在实际火场上，物质燃烧的条件可能与上述的实验条件不同，其燃烧速度也因此有所不同。因而，应注意在推算起火时间时不能仅用现成的数据，还要考虑到现场的其他影响因素。例如，电线管中填充率为200％的电线水平燃烧速度为0.37mm/s。若其内部含有不同填充物时，其燃烧速度会有变化：当有锯末时为0.66mm/s，有变压器油时为1.33mm/s，有棉花时为100mm/s。此外，电线填充率变化时其燃烧速度也有变化。因此在必要时，应根据火灾现场的情况进行模拟实验，测定某些物质的燃烧速度，以便更准确地推算起火时间。

6. 根据通电时间或点火时间分析认定

由电热器具引起的火灾，其起火时间可以通过通电时间、电热器种类、被烤着物种类来分析判定。例如，普通电熨斗通电引燃松木桌面导致的火灾，可根据松木的自燃点和电熨斗的通电时间与温度的关系推测起火时间。如果火灾是由火炉、火炕等烤燃可燃物造成的，可以根据火炉、火坑等点火时间和被烤着物质的种类作为基础，分析起火时间。如果火灾是蜡烛引燃的，则可以根据点着时间分析起火时间。

7. 根据起火物所受辐射热强度推算起火时间

由热辐射引起的火灾，可根据热源的温度、热源与可燃物的距离，计算被引燃物所受的辐射热强度来推算引燃的时间。例如，在无风条件下，一般干燥木材在热辐射作用下起火时间与辐射热强度的关系为：在热辐射强度为4.6kW/m^2～10.5kW/m^2 时，12min 起火；在热辐射强度为10.5kW/m^2～12.8kW/m^2 时，8min 起火；在热辐射强度为15.1kW/m^2～24.4kW/m^2 时，4min 起火。

8. 根据中心现场死者死亡时间分析认定

如果中心现场存在尸体，可以利用死者死亡的时间分析起火时间。例如根据死者到达事故现场的时间，进行某些工作或活动的时间，所戴手表停摆的时间，或其胃中内容物消化程度分析死亡时间，进而分析判定起火时间。

（二）分析认定起火时间应注意的问题

1. 要进行全面分析

认定起火时间后，应该对其进行全面分析，注意与火灾现场其他事实之间是否相互吻合。尤其要注意将起火时间与引火源、起火物及现场的燃烧条件综合起来加以分析。

2. 要注意可靠性和正确性

在认定时，应该注意认定依据的可靠性和正确性。对提供起火时间的人，要了解其是否与火灾的责任有直接关系，不能轻信为掩盖或推脱责任而编造的起火时间。作为认定起火原因依据之一的起火时间必须符合客观实际。起火时间不准确，则可能造成起火原因认定工作范围的扩大或缩小，前者使起火原因认定增加工作量，后者可能造成某些方面的遗漏。

应该注意的是，所谓认定起火时间的准确性是一个相对的概念。在很多情况下，不可能将起火时间认定准确到分秒不差，只要确定到一个相对准确的时间段即可。

3. 注意起火物和环境条件对起火时间的影响

在分析起火时间时，应该注意起火物的性质、形态，以及起火时的环境条件。在同样的火源作用下，因为不同物质的燃点、自燃点、最低点火能量和燃烧速率不同，所以点燃的难易程度和起火的时间也不相同。同一种起火物由于其形态不同，其最小点火能量、导热系数、保温性也不同，所以点燃的难易程度和起火的时间也不相同。例如，同一种木材，其形态为锯末、木刨花、木块时，用同种火源点燃时，引燃时间具有明显的差别。

火灾现场条件也影响起火时间。例如，现场中引火源与起火物的距离不同，引燃的时间就不一样，距离火源越近，引燃所需时间越短。同时，现场的通风条件、散热条件、氧浓度、温度、湿度等都影响引燃时间。所以，在分析认定起火时间时，应该根据现场的具体情况，考虑到各种影响。

二、起火点的分析与认定

（一）分析认定起火点的依据

在火灾事故调查的实际工作中，通常根据火势蔓延痕迹、证人证言、引火源残体的位置、起火物及其他证据分析认定起火点。

1. 火灾蔓延痕迹

根据火灾发生和蔓延的一般规律，可燃物的燃烧总是从某一部位开始的，火势的发展，总是由一点烧到另一点，从而形成了火灾的蔓延方向和燃烧痕迹，这个蔓延方向的起点就是起火点。因此，火灾后在现场寻找起火点的过程，在某种意义上讲就是寻找蔓延方向的过程。而寻找蔓延方向的过程，实质上就是在各种燃烧痕迹中寻找证明火势蔓延方向痕迹的过程，各种证明火势蔓延方向的痕迹起点的会聚部位就是起火点。

火灾事故调查实践证明，在火灾现场各个部位物体的被烧状态往往反映了全部燃烧状态，任何火灾的燃烧都有方向性，而表明这种方向性特征的痕迹，就是以不同形式在物体上形成的蔓延痕迹。火灾蔓延痕迹就是火势从起火点处开始向外部空间扩展过程中在不同部位的不同物体上形成的，这些痕迹的基本特征反映出火灾过程中物体的受热温度、受热时间及当时的状态等信息。因此，各种燃烧痕迹中能够证实和反映火势的由来和发展的痕迹物证就是火势蔓延痕迹，它是分析判定起火点最重要的根据之一。在分析判定一起火灾总体蔓延方向时，一般把现场的物体从空间上联系起来，观察分析其被烧状态、形成的痕迹物证，最终把火势蔓延方向分析判断出来。

火灾是以热传导、对流、辐射三种方式蔓延的。一般说来，从某一点或某一部位上一定数量的可燃物燃烧产生的热能，在传播过程中均遵循一定的规律。首先，热能随传播距离的增大而减少，形成离起火点近的物质先被加热燃烧，烧毁重一些；离起火点远的物质被加热晚，烧毁相对轻一些。其次，热辐射是以直线的形式传播热能的，所以物体受到热辐射的作用，受热面和非受热面的被烧程度有明显的差别，面向起火点的一面先受热，被烧得重一些，而背向起火点的一面则被烧得轻一些。这种被烧轻重程度的差别和受热面与非受热面区别的痕迹，不仅反映出火势蔓延先后的信息，而且也显示出了火势传播的方向性，即显示出火势是由“重”的部位、受热面一侧蔓延过来，这个指明的“重”的方向、受热面朝向，一般情况下就是指向起火点。所以说，被烧轻重的顺序和受热面朝向是最典型的火势蔓延痕迹，在现场勘验中应作为分析重点。

（1）根据被烧轻重程度分析

火灾现场残留物的烧损程度、炭化程度、熔化变形程度、变色程度、表面形态变化程度、组成成分变化程度等往往能反映出火场物体被烧的轻重程度。在火灾现场的残留物中，它们被烧的轻重程度往往具有明显的方向性，这种方向性与火源和起火点有密切的关系，即离起火点或引火源近的物体易烧毁破坏，迎火面被烧严重。物体被烧轻重程度与物质的性质、燃烧条件、燃烧时间和温度等条件有关。在火灾初起阶段，由于火势较弱，蔓延较慢，起火点处燃烧时间较长，所以火灾初起阶段只有起火点处烧得重一些，这种局部烧得重的痕迹在火灾终止后仍保留着，这是起火点的重要特征，成为火灾后确定起火点的重要依据。将火场中局部烧得重、并在其附近有火势向四周蔓延痕迹的部位确定为起火点，目前国内外调查人员都能接受这一观点，并在实践中普遍应用。

（2）根据受热面分析判定

热辐射是造成火灾蔓延的重要因素之一。由于热辐射是以直线形式传播热能的，所以在火灾过程中，物体上形成了表明火势蔓延的痕迹——受热面，这种痕迹的特征主要表现在形成明显的方向性，使物体总是朝向火源的一面比背向火源的一面烧得重，形成明显的受热面和非受热面的区别。因此，物体上形成的受热面痕迹是判断火势蔓延方向最可靠的证据之一，是确定起火点的重要依据。

在现场勘验中，在可燃物体和不燃物体上都可以找到受热面的痕迹。由于热辐射只能沿直线传播，所以物体受到直射的部分比没有受到直射的部分被烧程度明显要重得多，特别是在同一物体不同侧面表现得更为明显。对建筑火灾中的门、窗作仔细观察，就会发现门、窗两侧的框被烧程度有明显区别，一侧烧得重，另一侧烧得轻，这就是热辐射方向性的结果。但有时热辐射被其他物体遮挡时，可使离火源近的物体反而比远的物体烧得轻。现场勘验中不仅要对单个物体进行判断，也要同时对多个物体联系起来进行判断，对同一个火灾现场来说，在多个物体上形成的受热面的朝向基本是一致的。因此，首先找出它们的受热面，确定出火势过来的方向，然后再通过对每个物体受热面被烧程度的鉴别，确定出烧得最重的部位，最终确定起火点。

用同一物体的受热面来判断火灾中火势蔓延方向往往有一定的局限性，一般应将火场中不同部位物体上形成的受热面综合起来观察，若与现场条件吻合、朝向一致，就可以确定火势蔓延方向。再通过各个物体上形成的受热面进行对比，确定燃烧破坏最重的物体. 找出该物体受热面痕迹，起火点一般就在该物体受热面一侧。一般多个物体上形成受热面有两种情况：如果受热面都在同一侧，那么起火点必定在它们共同指向的一侧；如果受热面相向对应，则起火点在两个面的中间。

(3) 根据倒塌掉落痕迹分析

一般情况下，在火灾中距火源近的部位或迎火面的物体先被烧和失去强度，从而导致发生形变或折断，使物体失去平衡，面向火源一侧倒塌或掉落。虽然倒塌的形式、掉落堆积状态各不相同，但是都有一定的方向和层次，遵循着一个基本规律，都向着起火点或迎着火势蔓延过来的方向倒塌、掉落。所以，调查人员在现场勘验中，首先参照物体火灾前后的位置和状态变化事实，通过对比判断出倒塌方向，逐步寻找和分析判断起火点（倒塌方向的逆方向就是火势蔓延方向）。其次，还可以通过分析判别掉落层次和顺序认定起火点的位置。例如，平房被烧毁并塌落的火灾现场，从塌落堆积层的扒掘情况看，若靠地面处是零星房瓦、天棚材料，上层是家具烧毁的残留物，则根据这种倒塌痕迹特征，可表明天棚内燃烧先于室内的燃烧，说明起火点在天棚上部；如果家具的灰烬和残留物紧贴地面，泥瓦等闷顶以上的碎片在堆积物的上层，说明天棚以下可能先起火。

(4) 根据线路中电熔痕（短路熔痕）分析

在火灾发生和蔓延的过程中，如果导线处于带电状态，被烧时绝缘层被破坏，有可能形成短路熔痕，而被烧的顺序与火灾蔓延方向有关。在火灾过程中，电熔痕的形成顺序以及电气保护装置的动作顺序是与火势蔓延顺序一致的，而保护装置动作后，其下属线路就不会产生短路痕迹。因此，在火灾中短路熔痕形成的顺序与火势蔓延的顺序相同，起火点在最早形成的短路熔痕部位附近。在燃烧充分、破坏严重、残留痕迹物证比较少的火灾现场，利用这一方法判定起火点非常有效。

(5) 根据热气流的流动痕迹分析

火势蔓延的规律表明，高温浓烟和热气流的流动方向往往与火势蔓延方向相同。对流传热是火灾发展过程中传热的方式之一，灼热的燃烧气体从燃烧中心向上和周围扩散和蔓延，热气从温度高的地方流向温度低的地方，离火源越近温度越高，反之温度越低。当室内起火时，热烟气总是先向上升腾，然后沿天棚进行水平流动。因为热烟气在室内不断积聚，将从上向下充满整个房间，从而产生一个热气层。开始时热气集聚在火焰上方，形成的热烟气层比其他部位厚（例如在角落里），但是最终整个房间内的热烟气层厚度将趋于一致。火灾规模越大或者房间越小，热烟气层厚度增加就越快，直至热气流从开启的门、窗或通气孔洞向外涌出，进入相邻的房间。当热气流进入相邻房间后，开始新一轮扩散。由于此时烟气的温度降低，留下的烟气痕迹较弱，而且热烟气层的厚度较小，这一过程在不同房间产生的阶梯性的烟成热的破坏痕迹，可以用来判断火灾的蔓延方向。另外，热烟气扩散过程中，会在物体上留下带有方向性的烟熏痕迹。这种烟熏痕迹反映了火势蔓延和烟气流动的方向。在一些火灾现场，依据烟熏痕迹的方向性，可以找出火灾蔓延的途径，并依据火灾蔓延的途径找出起火点的位置。

在建筑物内，能指明热流方向的载体很多，如混凝土构件、墙壁、玻璃等。窗户上的玻璃是典型的能提供热流方向的物证，它能准确地反映出起火点所在的方位。在一个房间内如果有两个窗户，它们的玻璃分别呈熔化和破碎现象时，就应该确定在熔化的窗子附近出现过猛烈而时间较长的燃烧，表明热流在此处已达到高点，与起火点有着密切联系，应在其附近寻找起火点。

(6) 根据燃烧图痕分析

燃烧图痕是火灾过程中燃烧的温度、时间和燃烧速率以及其他因素对不同物体的作用而形成的破坏遗留的客观“记录”。这些图痕直观简便地指明了起火部位和火势蔓延的方向，是认定起火点的重要根据。例如，火场中最常见的“V”字形图痕，对确定起火点有重要意义。由于燃烧是从低处向高处发展的，所以，在垂直的墙壁，垂直于地面的货架、设备及物体上，将留下类似于“V”字形的烟熏或火烧痕迹。火是由“V”字形的最低点向开口方向蔓延的。一般起火点就在“V”字形的最低点处。常作为判定起火部位的燃烧图痕有“V”字形、斜面形、梯形、圆形、扇形等图形，它们主要以烟熏、炭化、火烧、熔化、颜色变化等痕迹形式出现。

(7) 根据温度变化梯度分析

物体被烧轻重程度，在火源和其他条件完全相同的情况下，主要与燃烧温度和作用时间有关系，火灾后可燃物体、不燃物体或其某一部位被烧轻重程度实质上是火灾中燃烧温度和作用时间在这物体或部位上作用的反映，它是以不同的痕迹表现出来的。因此，可以通过可燃物体和不燃物体上形成的痕迹（如炭化痕迹、变色痕迹、炸裂脱落痕迹、变形痕迹等），比较各部位实际的受热温度的高低，找出全场的温度变化梯度，进而分析判断起火点的位置。例如，可以测定火灾现场不同部位混凝土构件的回弹值，根据回弹值的变化情况来判断受热温度的高低，通过分析找出全场温度变化梯度，从而判断起火点的位置。

2．证人证言

由于火灾现场的暴露性，火灾在发生和发展过程中容易被人们发现，现场附近的人员可能目击到起火点、起火物、引火源、蔓延过程和各种变化情况。因此，通过调查询问发现人、从火场里逃生的人、当事人等对火灾初起的印象，再现火灾过程，可获取证明起火点和起火部位的证据和线索。

（1）根据最早出现烟、火的部位分析

由于起火点处可燃物首先接触火源而开始燃烧，所以该部位一般最早产生火光和烟气，这一基本特征就是证明起火点位置最直接、最可信的根据。因此，在现场勘验前必须把最先发现起火的人、报警人、扑救人、当事人等作为现场询问的重点，详细查明最早发现火光、冒烟的部位和时间、燃烧的范围和燃烧的特点，以及火焰、烟气的颜色、气味及冒出的先后顺序，并进行验证核实，之后作为现场勘验的参考和分析认定起火点的证据。

（2）根据出现异常响声和气味的部位分析

发生火灾初期的异常响声和气味，对分析判断起火点非常重要。火灾初始阶段一些平稳物体（如固定在墙外的空调机、悬挂在天棚上的吊灯和电风扇等）被烧发生掉落时与地面或其他物体撞击而发出的一些响声；电气设备控制装置动作时响声（如跳闸声）；线路遇火发生短路时的爆炸声；还有一些物质燃烧时本身也发出独特的响声，如木材及其制品燃烧时发出“噼啪”响声，颗粒状粮食燃烧时发出“啪啪”响声等。这些不同的声音都表明火灾发生部位的方向或指明火势蔓延的方向。不同物质燃烧初起时会产生不同的气味，如烧布味、烧塑料味等，根据这些气味的来源，可以分析判断起火部位的方向或火势的方向。因此，向当事人了解有关听到响声的时间和部位，发生异常气味的部位，就可以得到起火部位的线索和信息。在查明响声的部位、物体和原因后，再验明现场中的实际物证。如果两者一致，则表明证人提供的证言是正确的，可以认定起火部位就在发出响声或气味的部位附近。

（3）根据有关热感觉的部位和方向分析

火灾发展过程中，火从起火点向外蔓延的过程就是热传递的过程，离起火部位近的物体先被加热，温度较高，离起火部位远的物体后被加热，温度较低，这样就形成了起火部位与非起火部位之间的温度梯度，起火部位物体的温度明显高于其他部位物体的温度。因此，发现火灾的人、救火的人、在火灾现场的人等提供的有关皮肤有发热、发烫感觉的部位，很可能反映了起火部位的信息。例如，发现人听到响声或嗅到异常气味后开始检查，当感觉到某一房间的门或金属把手有热感或发烫，而其他房间没有热感，那么证明这个房间先起火。因此，证人提供的有关不同部位一些物体不同温度情况的证言，可作为分析判定起火部位的证据。

（4）根据电气系统反常情况分析

电气设备、电气控制装置、电气线路、照明灯具等被烧短路，控制装置动作（跳闸、熔丝熔断）断电，使该回路中的一切电气设备停止运行，这些因停电产生的现象，能传递故障信息，反映出起火部位的范围。因此，通过电工、岗位工人及起火前在现场的人了解起火前电气系统的反常现象，可以查明断电和未断电回路之间及断电回路之间的顺序。一般情况下在几条供电回路中，只有一个回路突然断电，其他回路正常供电，则可以推断起火部位就在断电回路范围内。若几个回路都断电，则查清短路的先后顺序（可以通过电灯熄灭顺序、电风扇停转顺序、空调机停止运行顺序等查证），起火部位一般在第一个断电回路所在的部位。

（5）根据发现火灾的时间差分析

火灾的发生和发展需要一定的时间，距起火点距离不同的地方和物体，发生燃烧的时间不同，火势大小也存在一定的差异，这就产生了起火部位和非起火部位之间燃烧的时间差。这种时间差，反映了燃烧的先后顺序，有时指明了起火点的部位。因此，不同部位的人员提供有关发现火情的时间和当时火势的大小情况与起火部位有联系。把他们发现起火的时间按先后顺序排列起来，并把火势大小情况和现场环境、建筑特征结合起来，综合分析比较，就能判断出燃烧的先后顺序，初步判断出起火点所在的部位。

3. 引火源物证

在有些火灾现场中，还存在火源的残骸，如果在现场勘验时找到它，确定其原始位置，弄清其使用原始状态和火势蔓延方向等情况，就可以确认其所在的位置就是起火点。这里指的是引火源物证，是指直接引起火灾的发火物或其他热源。例如，电熨斗、电炉、电暖器、电热毯、电热杯等电热器具，以及烟囱、炉灶等。

用引火源物证分析起火点时，一是确定其火灾前的原始位置和使用状态；二是其周围物体的燃烧状态。如果证明引火源处于使用状态，且周围又有若干能证明以此为中心向四周蔓延火势的燃烧痕迹，一般情况下，其所在的位置就是起火点。

烧毁不太严重的火灾现场，往往保留了比较完整的发火物或引火物的残体，在烧毁比较严重的火灾现场，有时也会发现发火物、引火物的残体、碎片或灰烬。这些物品在现场所处的位置，或者起火前在现场的位置，一般是起火点。例如，在火灾现场，发现起火的床铺上有通电的电热毯残体，这里有向周围蔓延火势的痕迹，可以断定是由于电热毯长时间通电导致火灾，电热毯所在的位置就是起火点。此外，电气线路和设备上形成的一次短路熔痕的部位，烟囱、炉灶裂缝蹿火位置，往往就是起火点。所以，在火灾现场中对各种电气设备、用电器具及烟囱、炉灶等设施要重点检查，当有充分证据证明火就是由这个发火物引起的，那么这个部位就是起火点。还有些物证不能直接作为引火源的证据，但是它们能间接地反映起火点的位置和起火原因。在现场勘验中认真寻找这种物证，查清其位置和状态，对分析认定起火点有着重要的作用。例如，与现场无关的物体（如盛装易燃液体的容器、油桶、瓶子等）的残体，在汽车油箱附近发现的扳手等物体，往往与火灾当事人（或肇事者）起火前的行为有直接联系。因此，认真查清这些物体火灾前是否存在的事实和来源，也能得到起火部位的线索。

4. 灰化、炭化痕迹

灰化、炭化痕迹是指有机固体可燃物质燃烧后出现的残留特征。灰化物是指物质完全燃烧的产物，炭化物是指高温缺氧情况下物质不完全燃烧的产物。形成灰化、炭化物的原因主要与可燃物性质、火源强弱、燃烧条件以及燃烧时间等因素有关。

一般情况下，火源为明火，且供氧充足，引起明火燃烧时易形成灰化痕迹，火源为无火焰的热源，且供氧不足时引起的阴燃，或一些有机物质本身自燃，及本身属于阴燃物质的，燃烧时形成炭化痕迹。当灰化、炭化部分形成一定面积和深度时，称为灰化区（层）、炭化区（层）。可燃物形成的灰化区和炭化区也是一种燃烧痕迹，是表明局部烧得“重”的标志。因此，在火灾现场局部出现灰化层或炭化层，并有火势蔓延痕迹的部位，一般情况就是起火点。一般说来，阴燃起火时，由于起火点处阴燃时间较长，所以能形成较大的炭化区和炭化结块；而明火点燃起火的起火点处，由于燃烧的温度高、时间长，所以此处炭化和灰化都比较严重，残留的炭化结块比较少而小。但是，由于物质的性质、存放的数量、存在状态的不同以及扑救等方面因素的影响，有时不是起火点的地方被烧破坏程度更严重，出现的灰化区和炭化区面积更大。因此不能一概而论，要具体问题具体分析，但最重要的区别在于起火点处周围物体上形成显示火势蔓延方向的痕迹，而非起火点处虽然烧毁破坏也严重，但是没有向四周蔓延火势的痕迹。

起火物明火燃烧时，由于起火点处燃烧时间比较长，容易形成灰化痕迹，可以作为判断起火点位置的依据。如果现场发现易燃液体燃烧痕迹，很可能为起火点。在分析判定时，同样应该判断是否有向周围蔓延的痕迹。

5. 其他证据

（1）根据现场人员死、伤情况分析

如果火灾中发生了人员伤亡，那么有关烧死、烧伤人员的具体情况，如死者在现场的姿态、伤者受伤的部位、死者遇难前的行为等，对于分析判断起火点的方向、火势蔓延方向有着重要的证明作用。例如，死者在火灾中有逃生行为，那么在现场受到火灾威胁的人，大多数都向背离起火的方向逃难，死者在现场一般背向起火部位。因此，可利用这一特征，根据死者在现场的姿态和受伤者提供的线索分析认定起火部位和起火点。

对于爆炸现场，可从尸体位置和爆炸前死者的工作常处位置判断爆炸冲击波的方向，从而分析判断爆炸中心的位置。

（2）根据自动消防系统动作顺序分析

一些建筑物内安装了火灾自动报警、自动灭火设施，当火灾发生时，正常情况下都能以声响、灯光显示等形式立即报警，计算机能自动记录，使消防或安全监控人员、值班人员能很快地查明起火的房间和部位，并能采取相应的措施将火扑灭在初期阶段。有自动灭火设施的部位，报警的同时也自动启动灭火装置进行灭火，这些装置动作的次序，往往都能指明起火的大致位置和方向。

(3) 根据先行扑救的痕迹分析认定

个别单位和个人为逃避火灾责任，往往不主动提供火灾发生部位和回避先行扑救的情况。调查人员若在现场某局部区域发现使用过的灭火器、灭火器喷出的干粉或者其他灭火工具，则起火点就在这局部区域之内。

（二）分析认定起火点应注意的问题

1. 认真分析烧毁严重的原因

现场烧得重的部位一般应为起火点，这符合火灾发生和发展的一般规律。但是千万不能把烧得重的部位都看作是起火点。火灾过程中，局部烧得重不仅取决于燃烧时间的长短、温度的高低，局部烧毁情况的影响因素很多，在分析起火点时，应该全面分析这一部位烧毁严重的原因及影响因素，才能得出正确的结论。一般应该注意分析以下问题。

(1) 可燃物的种类和分布

在火灾中，可燃物的种类和分布直接影响现场的烧毁程度。如果可燃物的着火点比较低，或者说比较易燃，在火灾中就容易被引燃，而且燃烧比较充分，其所在部位烧毁就比较严重，甚至超过起火点。同样，如果可燃物分布不均匀，起火点处的可燃物较少，而其他部位可燃物多，在火灾过程中经过燃烧后，无疑是可燃物多的部位烧毁严重。

另外，如果现场存在燃气系统，当火灾造成燃气管道或储气罐泄漏时，可在泄漏部位形成扩散燃烧甚至爆炸，并引燃其周围可燃物，造成这一部位烧毁严重。

(2) 现场的通风情况

由于火灾中消耗大量的氧气，需要补充新鲜空气，现场的通风情况直接影响可燃物的燃烧。如果起火点处于通风不畅的部位，氧气供给困难，则物质燃烧不充分。而处于通风口处的部位，不断有新鲜空气进入，使物质的燃烧速度加快，则这一部位的烧毁程度可能比起火点还严重。

(3) 火灾扑救次序

灭火行为实际就是干预火灾蔓延的行为。与相对扑救晚的部位相比，扑救较早的部位燃烧时间也相应较短，调查分析时，应该查明火灾扑救的次序。

(4) 气象条件

先行扑救的部位，燃烧被终止，烧毁较轻。因此应该询问火灾扑救人员扑救的次序气象条件，特别是风力和风向会影响火势的蔓延，同时也影响现场的烧毁程度。如果在火灾中发生了风向转变，则可能带来蔓延方向的转变。在分析现场烧毁情况时应该注意这一因素。

2. 分析起火点的数量

由于火灾是一种偶发的小概率事件，一般火灾只有一个起火点，这也在实践中得到了证实。但是一些特殊火灾，由于受燃烧条件、人为因素以及一些其他客观因素的影响，有时也会形成多个起火点，因此在分析认定起火点时绝不能一成不变地对待现场，要具体问题具体分析。一般易形成多个起火点的火灾有放火、电气线路过负荷火灾、自燃火灾、飞火引起的火灾等。

3. 分析起火点的位置

虽然火灾的发生有一定的规律性，但是具体到每一起火灾，火灾的发生就没有特定的地点。只要起火条件具备的地方都有可能发生火灾，所以起火点的位置也没有特定的地点。就建筑物起火而言，起火点可能在地面，也可能在天棚上，也可能在空间任何高度的位置上出现。当在地面、天棚上没有找到起火点时，特别要注意空间部位的可能性。有些起火点也可能在设备、堆垛等的内部，因此既要从物体的外部寻找，也要注意从物体的内部寻找。

4. 起火点、引火源和起火物应互相验证

初步认定的起火点、引火源和起火物，应与起火时现场影响起火的因素和火灾后的火灾现场特征进行对比验证，找出它们之间内在的规律和联系，并重点研究分析燃烧由起火点处向周围蔓延的各种类型的痕迹，看其是否与现场实际总体蔓延的方向一致，起火物与引火源作用而起火的条件是否与现场的条件相一致等，避免认定错误。

只要认定起火点的证据充分，即使是一时在起火点处找不出引火源的证据，也不要轻易否定起火点，应把工作的重点放在寻找引火源的证据上。例如，热辐射和热传导形式传播热能而引起的火灾，有时起火点和引火源之间就有一定的距离。当金属的某一部位受到高温作用时（如焊接、烘烤金属管道等），在其附近没有可燃物则不会引起火灾。但是由于热传导作用，它能引起距该受热点一定距离处接触金属的可燃物起火，这就不易被发现。如果发生在两个互不相通的房间，则更不易发现。所以，该种类型的引火源，只有通过仔细勘验和分析研究才能找到。一般情况下弱小火源（如火星、静电火花、烟头等）在起火点处不易找到，但是它们引起火灾的起火点是客观存在的。因此，证据充分的起火点不能因为找不到引火源而被轻易否定。若一起火灾经反复查证，在起火点处及其附近确实找不到引火源的证据，即使一些弱火源的证据也找不到，就应该重新研究，检查认定起火点的证据是否可靠。

第四节　起火源和起火物的分析与认定

一、起火源的分析与认定

（一）认定起火源的证据

一般情况下，我们在火灾现场中所能查到的起火源证据，概括起来通常有以下两种：一种是能证明起火源的直接证据；另一种是与起火源有关的间接证据。

1. 证明起火源的直接证据

起火源的直接证据实际上就是起火源或容纳发火物的器具的残留物。如火炉、电炉子、打火机、电气焊工具、电熨斗、电烙铁、导线短路熔痕等。在火灾发生后，最初点燃起火源中可燃物的热能，常常是不复存在的，所残留的只是热能载体，即发火物或容纳发火物的器具。所以，在火场勘查中所能获取的起火源的直接证据，多是发火物或容纳发火物的器具的残留物痕迹。如着火源属于电气火灾方面的，要找到开关、配线的短路痕迹，电热器具，漏电火灾的漏电、接地、发热的位置。雷击火灾因遭到雷击而烧毁的物质、设备、器具以及其他电气设备上的痕迹。着火源属于化学物品方面的，要找到化学物质的残留物。着火源属于机械方面的，要有金属的变色、变形、破损的特征来作为证据等。只有在进行认真细致地分析研究之后，才能做出肯定或否定的结论。

2. 证明起火源的间接证据

起火源的间接证据是指能证实某种过程或行为的结果的证据。对于有些着火源则无法取得物证，如烟头火源、火柴杆火源、飞火星火源、静电放电、自燃等原因引起的火灾，则不可能获得直接物证，这就要靠间接证据来说明火灾原因。物体的电阻率，生产操作工序或工艺过程，能产生静电放电的条件，放电场所的易燃易爆气体与空气的混合物，场所的环境温度，空气的相对湿度，物质的贮存方式，物质的成分、性质、吸烟的时间、地点，吸烟者的习惯等等都属间接证据。在这类火灾中，我们虽然找不到起火源的直接证据，但在能证实或肯定某种过程和行为的条件下，以火灾现场这一事实为根据，经过科学的分析或严密的逻辑推理，就能得到起火源的间接证据。

（二）认定起火源的原则条件

认定火灾直接原因，必须搞清以下两个问题：一是准确确定起火点；二是查出易燃起火点处可燃物的火源。解决了这两个问题，一起火灾的直接原因也就查清楚了。因此，确认一起火灾的起火源是认定火灾原因的重要内容和依据。分析认定起火源的基本原则有以下几点。

1. 围绕起火点查找起火源

起火点是火灾发源地，准确确定起火点后，在划定的起火处可燃物的火源就能有一个比较集中的目标，就能缩小起火源的范围。

2. 全面分析，逐一排除

在一般情况下，火场范围较大的火灾，起火源也比较复杂，这就需要首先应根据现场勘验和调查询问的情况，全面分析起火部位有几种起火源，并在综合分类排队的基础上，以现有的材料和客观事实为依据，逐个进行分析，然后将能被各方面证据所证实的某一种起火源加以肯定，做到否定有充分的理由，肯定有可靠的证据。

3. 起火源要与起火物相联系

火灾是起火源与起火物相互作用的结果，二者联系紧密，不可分割。所以在分析研究起火源时，就不能脱离起火物。如起火点在室内，而室内不仅有火炉，且在其周围存在可燃物，同时还有大量的物证足以证明炉内的炭火或火炉的温度能引着可燃物，就可把火炉作为起火源来研究并加以肯定。但若火炉位于室内的中央，又不存在火炉与可燃物接触的条件，就不能轻易地断言，火炉就是起火源。在有些火灾现场中，虽然我们找不到起火源，但起火物遗留的痕迹物证，常常也可以说明或证明是由于何种起火源作用所引起的火灾。因此，弄清起火源与起火物之间的关系，是认定火灾原因过程中的一个必不可少的重要环节。

4. 分析发火、发热物体的使用状态

例如服装加工车间起火，在燃烧废墟上发现了被烧毁的电熨斗，电热可能是起火的原因，但是该电熨斗所处位置起火点特征不明显，或者起火点特征被严重破坏，则不能立即判定电熨斗是火灾原因。如果没有充分的证据说明这只电熨斗在火灾前是通电的，就不能肯定是这只电熨斗造成的火灾。所以要根据电熨斗内外受热情况，以及电熨斗使用情况进一步分析判明这只电熨斗在火灾前没有断电，或者用过较长时间不经冷却就放在可燃的案板上，才能证明火灾原因。一个住宅夜间发生火灾，起火点在床头，户主有吸烟的习惯，可是他不承认自己当天晚上躺在床上吸烟。在火灾现场，火灾事故调查人员在床头附近的残灰中发现 1 只烟灰缸。经调查这只烟灰缸平时总是放在远离床头的一个写字桌上面的，这就说明这只烟灰缸在起火前被使用。户主无法解释这种现象，承认了自己睡前曾躺在床上吸烟。

5. 分析着火能量

点燃一定数量的可燃物，要有一定的点火能量。某种火源发热的温度和产生的能量能否造成它附近的可燃物着火，这是确定发火源的重要条件。明火源和高温物体，如火焰、电弧，尤其明火焰具有很高的温度，因此很容易成为起火源。一些微弱的火源的发火物或发热体，其所放出的能量能否成为一种起火源应从以下几方面考虑。

①能量，即能否供给足够的点火能量。

②温度，即要达到或超过被点燃物质的自燃点。

③单位时间释放的能量，某一能量以缓慢的速度放出，则这种能量大部分散失在空气中，不能在被点燃物内部积聚，就不能成为火源。

另外，在分析火源能量时，不仅要考虑火源本身，而且必须结合被引燃的对象进行分析。因为不同物质具有不同的自燃点或闪点，所以点燃相同数量的不同物质，所需能量也是不同的。具有同等能量的同一种火源，可能只能成为某些物质的起火源，而对另外某些物质则不足以成为起火源。即使对一个微弱火源，对同一种物质，在不同的自然条件下，如气温、湿度等不同，有时可成为火源，有时不能成为火源。因此在分析火源能量时，要结合被点燃对象储热和散热条件以及气象等条件综合分析。

6．起火源要与起火时间相一致

任何事物都有它的空间和时间的局限性，起火源也是如此。在允许的时间范围内，起火源可能对一起火灾发生了作用，而时间不充分或者过长、过短，都可能与这次火灾毫无关系。可见，起火源与起火时间在火灾发生的过程中，有着不可分割的紧密联系，也是我们以起火源为依据，认定火灾原因时不可忽视的一个重要因素。

二、起火物的分析认定

所谓起火物是指在火灾现场中，由于某种起火源的作用，最先发生燃烧的可燃物。

（一）认定起火物的条件要求

以起火物作为认定火灾的一个依据，首先应准确地认定起火物。在火灾现场中，我们认定的起火物必须满足以下条件和要求。

①认定的起火物必须是起火点中的可燃物，不能在没有确定起火点的情况下，只根据一些可燃物的被烧程度来认定起火物。

②认定的起火物必须与起火源作用结果和起火特征相吻合。起火点特征是阴燃时，起火源多为火星、火花和高温物体，起火物一般应是固体物质。起火特征为明燃时，起火源往往是明火，起火物一般应是固体或可燃液体。起火特征为爆燃时，起火物一般应是可燃气体、液体蒸气或空气的混合物。

③认定的起火物比其周围的可燃物被烧或被破坏的程度严重。许多火灾，当人们发现时，火焰已蔓延扩大远远超出了起火点的范围，结果就使起火点处受高温作用的时间较强。

④认定液体、气体为起火物时，要注意其基本参数、浓度、点火能量，同时要注意漏点和起火点关系，有时起火点不一定在漏点处。

（二）起火物痕迹作用

在火灾原因调查过程中，我们可以根据起火物的痕迹特征，分析研究与火灾有关的因素。

①根据起火物的性质，如起火物的燃点、自燃点、闪点、爆炸极限等，分析研究何种火源在何种条件下，能使该起火物起火并能遗留这种痕迹，或在认定的起火源作用下，能否使起火点或起火部位中的可燃物成为起火物。

②根据起火物燃烧后的痕迹特征，如同类物质的不同燃烧炭化程度，分析起火物或一些可燃物的燃烧速度或起火时间的形式特征。

③根据起火物的运输、储存、使用等情况和起火前起火物所处的环境状况，如运输中的摩擦、碰撞晃动，储存中被日照、受潮、通风不良，使用中的摩擦、喷溅、碾压、挤压、剥离、混进杂质，起火前起火物质所处的环境温度、空气相对湿度等条件，分析研究起火物是否增加了火灾危险性或破坏了其稳定性能，进而分析能否自燃或产生静电放电起火等。

第五节　火灾原因的分析与认定

一、火灾原因认定的依据

火灾事故调查人员在认定起火原因之前，应全面了解现场情况，详细掌握现场材料，在认定起火原因时，要把现场勘验、调查询问获得的材料，进行分门别类、比较鉴别、去伪存真，对材料来源不实或者材料本身似是而非的，要重新勘查现场，切忌主观臆断。

在火灾事故调查过程中，证据是认定起火原因、查清火灾的因果关系、明确和处理火灾责任者的依据。起火原因的认定通常是在确认了起火点、起火源、起火物、起火时间、起火特征和引发火灾的其他客观因素与条件的前提下进行的。这些火场事实一般是逐步得到查清的，已被证实的事实可作为查清因果关系的依据。它们的依据是相辅相成又相互制约的，舍弃或忽略其中的某一个，都可能作出错误起火原因的认定。

第一，起火点认定准确与否，直接影响起火原因的正确认定。因为起火点为分析研究火灾原因限定了与发生火灾有直接关联的起火源和起火物，无论收集这些证据，还是分析研究起火原因，都必须从起火点着手。实践证明，起火点是认定起火原因的出发点和立足点。及时准确地判定起火点是尽快查清起火原因的重要基础。

在以起火点为起火原因的分析与认定依据时，应注意以下问题：起火点必须可靠，有充分的证据做保证，起火点与起火源必须保持一致，要相互验证。

第二，查清起火源和分析起火物及有关的客观因素之间的关系，是认定起火原因的重要保证。只有准确地找到起火源，才能为起火原因的认定提供有力的证据。

作为起火源的证据可以分为两种：一种是能证明起火源的直接证据；另一种是与起火源有关的间接证据。所谓直接证据是起火源中的发火物或容纳发火物的器具残留物，如火炉、电炉、打火机、电气焊工具、电熨斗、电烙铁、铜导线短路熔痕等。所谓间接证据就是能证实某种过程或行为的结果能产生起火源的证据，如在静电、自燃、吸烟等火灾中的物体的电导率、生产操作工艺过程、静电放电条件、空气中可燃气体的浓度、场所的环境温度、空气的相对湿度、物质的储存方式、物质成分与性质、吸烟的时间与地点、吸烟者的习惯等。

确定起火源时，应遵循以下原则：围绕起火点查找起火源。起火源的作用要与起火时间相一致，起火源要与起火物相联系。起火物必须是起火点处的可燃物。不能在未确定起火点的情况下，只凭可燃物被烧程度认定起火物。起火物必须与起火源作用性质和起火特征相吻合。如起火特征为阴燃，则起火源多为火星、火花或高温物体，起火物一般是固体物质。起火特征为明燃，则起火源往往是明火，起火物一般为可燃固体或液体。起火特征为爆燃，起火物一般应是可燃气体、蒸气或粉尘与空气的混合物。起火源的种类则较多，只要其能量达到该可燃物的点火能量即可。认定的起火物应比其周围其他的可燃物烧损或破坏的程度严重。

第三，利用起火时间能够分析判断起火点处起火源与起火物作用的可能性。在火灾事故调查实际工作中，有时把发现着火的时间误认为起火时间，这是不确切的。因为火灾从初起到扩大有一个蔓延过程，这需要一定时间。此时间的长短受起火源和起火物的制约，且受环境客观因素的影响。因此，夜深人静无人在场的火灾，由于不能及时发现或当发现时已经蔓延扩大，此时就需要根据调查访问和现场勘验所获得的情况和资料，进行严密的分析推理，才能得出比较符合实际的起火时间。然而，起火时有见证人在场的情况下，起火时间应是可信的。一般情况下影响起火时间的因素主要是起火物的性质，起火物所处的状态与环境条件，起火物与起火源之间的距离。

发生火灾除须具备燃烧的三要素外，还必须这三者相互作用。对火灾来说，由于物质燃烧时的条件和火场情况不同，在起火原因分析与认定过程中，除了以起火点、起火源、起火物、起火时间作为依据以外，还要充分考虑各种客观条件的影响和它们之间的相互作用的结果。例如，起火源与起火物之间相互作用的时间和距离、热传递形式、供氧条件、环境条件或气象条件，某些储存、运输、加工或使用过程中有无异常情况。

二、分析认定火灾原因的基本方法

（一）直接认定法

直接认定法就是在现场勘验、调查询问和物证鉴定中所获得的证据比较充分，起火点、起火时间、引火源、起火物与现场影响起火的客观条件相吻合的情况下，直接分析判定起火原因的方法。这种方法由于简便易行，在起火原因的认定中应用比较广泛。利用此法认定起火原因前，应该用演绎推理法进行推理，符合哪种起火原因的认定条件，就判断为哪种起火原因。

直接认定法适用于火灾事故调查中获取的证据比较充分的起火原因的认定。这种方法的运用是在对火灾进行了全面调查的情况下进行的，一切都要以调查的证据、事实为依据，要对起火点内的引火源、起火物、影响起火的环境因素有全面的了解，并进行全面分析之后才能进行认定。对现场中的实物直接认定应及时进行，以防时间过长导致实物变性、变色，或外观形态发生变化。

（二）间接认定法

如果在现场勘验中无法找到证明引火源的物证，可采用间接认定的方法认定起火原因。所谓间接认定法就是将起火点范围内的所有可能引起火灾的火源依次列出，根据调查到的证据和事实进行分析研究，逐个加以否定排除，最终认定一种能够引起火灾的引火源。这种方法的运用正体现了排除推理法的应用，对于每一种引火源用演绎法进行推理判断。

运用间接认定法的关键，第一步是将起火点处所有可能引起火灾的火源排列出来，这就要求在调查过程中充分发现和了解火灾现场中存在的一些火灾隐患，保证在分析可能的原因时没有遗漏。第二步就是依据现场的实际情况，比较假定的起火原因与现场是否吻合，运用科学原理进行分析推理，找出真正的起火原因。

1. 分析的内容

对于可能的起火原因，应该采用以下方法进行分析。

(1) 将假定起火原因与现场调查事实作比较

这些事实就是调查所获取的人证、物证、线索、鉴定结论，以及火灾前存在的火险隐患、火源、可燃物的特性等。用假定的引火源与它们相比较，去发现是否与现场情况相符。

(2) 运用科学原理进行分析判断

根据现场的实际情况，弄清相应的生产工艺条件、设备构造原理，运用科学原理对假定的起火原因进行分析，排除不符合科学原理的火源，验证认定的引火源。

(3) 与以前的同种火灾案例比较

一起火灾起火原因的认定可以与在此之前曾出现过的同种类火灾的起火原因的认定进行比较，比较起火点、引火源、起火物、影响起火的现场因素等，如果各方面都相同或相近，则该起火灾的起火原因很可能与以前同种类火灾的起火原因认定相同，这就是类比推理法的实际应用。但是应该注意的是，所运用的案例必须与这起火灾的起火点、引火源、环境条件等相同或基本相似，并且以事实为依据。

(4) 调查实验

对于有些火灾，可以用模拟实验的方法判断一些火灾事实，进而认定起火原因。模拟实验时，必须忠实于火场实际情况，最好在原火灾现场选取同种类、同型号的火源和起火物，模拟起火当时影响起火的现场条件进行实验，从能否起火、起火方式、现场残留物的特征等方面去分析假设的起火原因是否符合实际情况。需要注意的是，模拟实验的结果不能作为证据使用，但可以作为参考依据。

2. 运用间接认定法应注意的问题

①必须将起火点范围内的所有可能引起火灾的火源全部列出（即“选项”必须完全），再逐个加以否定排除时不能将真正的引火源排除掉。

②在运用排除法时，必须对每一种引火源用演绎法进行判断和验证后再决定取舍。

③间接认定都是在现场引火源残体已经在火灾中灭失的情况下进行的，

所以，现场勘验中获取的其他证据和调查询问证据材料更为重要。

④最后认定的起火原因，必须在该火灾现场中存在由于该种原因引起火灾的可能性，并且具备起火的客观条件。例如，认定因吸烟引起火灾时，在存在由于吸烟引起火灾的可能性的情况下，还要查清楚是谁吸的烟；在什么时间吸的烟，相隔多长时间起火；在什么位置吸的烟，移动范围多大；火柴杆和烟头的处理情况，周围有什么可燃物，这些可燃物有无被烟头引燃的可能性等。如果其中某一条件出现矛盾，则不能轻易认定为起火原因。

⑤对最后剩余的起火原因要进行反复验证，验证正确后才能正式认定。

⑥一旦发现认定错误，要立即进行重新分析认定。

三、对初步认定的起火原因的验证

（一）对初步认定的起火原因与现场调查事实作比较

这些事实就是调查所获取的人证、物证、线索、鉴定结论，以及火灾前存在的火险隐患、火源、可燃物的特征等，与它们相比较，发现有无矛盾之处。

（二）从理论上进行验证

可以运用燃烧学、建筑学、电学、化学、热学、逻辑学等理论对初步认定的起火原因进行分析和验证。

（三）用调查实验进行验证

对于那些不常见的起火原因的初步认定结论，最好在原火灾现场选取同种类、同型号的火源和起火物，模拟起火当时影响起火的现场条件进行实验，从能否起火、起火方式、现场残留物的特征上去分析初步认定的起火原因是否符合实际情况。

（四）听取行家和专家的看法

可聘请多方面的行家和专家，请他们帮助分析起火原因，并对已经初步认定的起火原因的可能性作出评价。

四、认定起火原因的基本要求

（一）从实际出发，尊重客观事实

在认定起火原因前，应对现场进行认真的勘验，并细致地进行调查询问，全面掌握证据和材料。认定起火原因的过程就是对火灾情况进行调查研究的过程，对掌握的证据和材料要进行验证和审查，确保证据和材料的真实性和客观性，切忌主观臆断、搞假证据和假材料。

（二）抓住本质性问题

所谓本质的问题就是指能够说明火灾发生、发展的有关证据和材料。火灾现场各种现象的表现形态千差万别、错综复杂，不一定哪一个个别现象或哪一个细小痕迹就能反映出火灾的本质问题。因此，要善于研究与火灾本质有关系的每一个问题，即便是细小的痕迹和点滴情况，都应认真分析研究，并把这些情况联系起来，研究它们与火灾本质的关系。

（三）把握共性和个性的辩证关系

火灾案件与社会现象一样，同种类型的火灾都有其共同的规律和特点，调查人员应掌握这些规律和特点。同时，同种类型的火灾，在具体情节上也都存在差异，千万不能忽视这些差异。因此，在调查火灾的过程中应注意发现具体火灾现场的不同特点，结合火灾发生当时的具体情况和现场条件，具体问题具体分析。在抓住普遍规律的基础上，重点找出它的特殊因素，并科学地分析这些特殊因素与火灾发生的本质联系，不能凭主观上的合理想象，把火灾后的一切现象看作是千篇一律的内容，这样会导致得出错误的判断和结论。

一些特殊或难度大的未查清的火灾，可以肯定其中必有一个或几个未知的特殊因素，调查人员应集中力量揭示出这些因素，然后再具体问题具体分析，这样往往能对火灾中的特殊因素作出科学和合理的解释，甚至能准确地认定起火点和起火原因。

（四）注意分析火灾的因果关系

任何一起火灾的发生都有一定的因果关系，只不过有的比较明显，有的比较隐蔽。因此，分析一起火灾的原因时，一般都要先查明该单位或该住户等火灾前存在哪些火灾隐患，分析这些火灾隐患，也能为认定起火原因提供有力的依据和线索。例如，放火案件，除了精神病患者无意识的行为外，都具有明显的因果关系，放火者的行动必然有一定的目的，或者为了进行破坏，或者为了泄私愤进行报复，或者是为毁灭罪证，或者是为达到自己的某种目的等，这些正是调查人员要发现和利用的因果关系。

（五）分析火灾发生的必然性和偶然性

由于一个单位或一个家庭中存在这样或那样的火灾隐患，所以必然会导致火灾，之所以现在还未发生，是因为发生火灾的客观条件暂时还不具备。但是火灾的发生，也有很大的偶然性，认真地分析和研究火灾现场出现的各种偶然现象，对于分析认定起火原因将起到重要作用。

（六）注意抓住重点

在分析认定起火原因时，往往证据和材料众多，起火原因有多种可能，所以要进行深入细致的多方面分析，找出主要矛盾，抓住关键性的问题。在抓住重点突破口时，还要兼顾其他可能性的存在，一旦发现重点确定不准确，就要灵活而又不失时机地改变调查方向，不至于顾此失彼，贻误时机。

第六节　灾害成因分析

一、灾害成因分析的内容

灾害成因分析的内容包括：人的因素对火灾的影响、火灾场所环境因素对火灾的影响和其他有关情况。

①分析人对火灾孕育、发生、发展、蔓延、扩大和火灾结果的影响情况，分析人对火灾影响的积极因素和消极因素。

②分析火灾场所建筑物平面、立面及空间布置情况，确定火灾中的烟、气、热、火焰等的蔓延途径、速度和蔓延原因。

③分析在火灾热和荷载作用下结构构件全部或部分失去力学性能，从而造成建筑物倒塌、变形的建筑构件，分析其耐火性能。

④分析火灾发生时安全疏散通道和安全出口情况，分析认定人员、物资疏散受阻原因。

⑤分析火灾场所中火灾自动报警系统、自动灭火系统、消火栓系统、防火分隔设施、防排烟设施、通风系统、消防电源、应急照明、疏散指示标志灯、灭火器材等消防设施在火灾过程中的表现，确认其是否发挥了预期的作用。

⑥分析火灾场所过火区域内存放可燃物种类、数量、状态、位置等情况，认定它们对火灾蔓延、扩大和火灾结果所起到的影响作用。

⑦分析火灾场所内易燃易爆危险物品种类、数量、状态、位置等情况，认定其对火灾现象和火灾结果产生的影响。

⑧分析阻燃剂、阻燃圈（包）等消防阻燃措施情况，以及它们在火灾中的表现。

⑨其他对火灾产生重要影响的有关情况。

二、灾害成因分析的方法

（一）事故树分析法

事故树分析法又称为故障树分析，是从结果到原因找出与火灾有关的各种因素之间的因果关系和逻辑关系的分析方法。火灾灾害成因分析中，按照熟悉调查对象、确定要分析的火灾结果、确定分析边界、确定影响因素、编制事故树、系统分析等步骤，对灾害成因进行分析，并最终作出认定结论。

灾害成因事故树分析法的具体内容包括以下几个方面。

1. 熟悉调查对象

灾害成因分析首先应详细了解和掌握有关火灾情况的信息，包括火灾发生时间、地点、火灾场所建筑物情况、消防设施情况、可燃物情况、场所的使用情况、火灾蔓延扩大情况、扑救情况、伤亡人员情况等。同时，还可广泛收集类似火灾情况，以便确定影响火灾结果的可能因素。

2. 确定要分析的火灾危害结果（顶上事件）

灾害成因分析所要分析的火灾危害结果可能是严重的人员伤亡、财产损失、火灾面积巨大、起火建筑意外垮塌、同类建筑多次发生火灾等。

3. 确定分析边界

在分析前要明确分析的范围和边界，灾害成因分析，一般把与火灾有直接关系的人、事、物、环境划在分析边界范围内。

4. 确定影响因素

确定顶上事件和分析边界后，就要分析哪些因素（原因事件）与火灾有关，哪些因素无关，或虽然有关，但可以不予考虑。比如，当把某火灾造成重大人员伤亡结果作为顶上事件时，人员疏散逃生受阻很可能成为中间原因事件，在确定基本事件时，会发现尽管疏散人员可能有着性别、体力上的差异，但这些可能对疏散逃生影响甚微，可以不予考虑，但在病房、幼儿园等特殊人群火灾场所，又必须作为重要因素给予关注。

5．编制事故树

从火灾的危害结果（顶上事件）开始，逐级向下找出所有影响因素直到最基本事件为止，按其逻辑关系画出事故树。

6．系统分析，得出结论

根据火灾具体情况，结合询问、勘验、鉴定、模拟实验等情况，综合分析各个因素对火灾的影响度，并按照影响度大小顺序进行因素排序。

（二）事件树分析法

事件树分析是从原因推论出结果的（归纳的）系统安全分析方法。按照事故从发生到结束的时间顺序，把对火灾有影响的各个因素（事件）以它们发生的先后次序按照逻辑关系组合起来，通过绘制事件树，并结合调查信息进行综合分析，找到影响火灾的关键因素链。

灾害成因事件树分析法的具体内容包括以下几个方面。

1．收集和调查火灾相关信息

这些信息主要包括建筑物基本情况、消防设施情况、使用情况、火灾基本情况、内部人员情况等，还要找出主要的火灾中间事件。

2．对中间事件进行逻辑排列

所谓逻辑排列就是根据火灾过程的时间顺序，按照中间事件发生的先后关系来排列组合，直到得出火灾结果为止。每一中间事件都按照“成功”和“失败”两种状态来考虑。

3．绘制事件树图

在上步骤的基础上，完成事件树的绘制工作。

4．综合分析，得出结论

根据调查获得的具体情况，结合询问、勘验、鉴定、模拟实验等情况，综合分析，得出是什么中间事件（影响因素）、怎样影响了火灾的结果。

三、影响灾害成因的因素

（一）人的因素对火灾的影响

1．人的心理对火灾发生的影响

人的心理状态对火灾发生的影响作用巨大。积极的心理会有效地防止火灾发生；相反，消极的心理则很可能会导致火灾发生。在火灾孕育阶段，人的心理通常可以表现为以下四种状态。

（1）侥幸心理

表现为碰运气，相信自己有能力阻止事故发生，别人不一定发现等心理，行为人不是马虎了事，就是贪图方便，为火灾的发生埋下隐患。侥幸是引发火灾最普遍的心理。

（2）冒险心理

表现为好胜、逞能、强行野蛮作业等行为。冒险心理者只顾眼前，故意淡化危险后果，而且先前的冒险行为会进一步加强冒险心理。

（3）麻痹心理

主要表现为习以为常，对重复性的工作满不在乎，凭“老经验”办事而放松警惕等。

（4）心理挫折

在遭受挫折的状态下，行为人可能会有攻击、压抑、倒退、固执己见和妥协等反应，心理冲突激烈时，会采取极端的行为，从而导致火灾的发生。

对于大多数火灾来说，在人的上述心理和行为的共同作用下，火灾孕育得以完成。

在分析人的因素对火灾的发生产生的影响时，主要应查明行为人的心理状态，分析火灾孕育的过程如何，哪些人参与了火灾孕育过程，他们各自的心理和行为是什么，综合分析人的心理和行为对火灾发生产生的影响等因素。通过调查与走访，弄清行为人的心理状态对火灾孕育所产生的影响作用，可以为今后有针对性地开展消防安全教育活动，消除上述不利心理提供帮助。

2. 人的施救行为对火灾过程的影响

根据火灾发生、发展所处的不同阶段人的施救行为方式不同，人的因素在火灾过程中的影响可以分为发现火灾、报告火警、初期扑救三个阶段。

（1）发现火灾阶段

发现火灾是人同火灾进行斗争的关键性前提。火灾发生后，一旦不能及时发现，只要环境条件允许，火灾就会自由地发展和蔓延，火灾可能的危害结果也就越大；相反，及时地发现火灾，使人对火灾采取及时有效的控制措施成为可能，火灾的危害结果也可能会减小到最小限度。

火灾发生后，必然会在一定环境空间范围内释放出火灾产物——火焰、光、热、烟、气味、声响等。人发现火灾的过程，就是火灾信息刺激人的感官并引起人判断和证实火灾发生的过程。不同火灾的火灾信息表现特征不同，不同人的感官以及同一人各种感官之间也存在差异，但主要的感官有视觉、听觉、嗅觉和触觉四种途径。

①视觉途径。视觉途径是火灾信息中的火焰、光、烟等通过刺激人的眼睛，从而引起大脑的反应来判断证实火灾发生的方式。视觉途径通常能够最直接地使人发现火灾，但它同时要求发现人必须是处在能够感受到火焰、光、烟信息的状态下并能给出正确的判断。

②听觉途径。听觉途径是火灾信息中的声响通过刺激人的听觉，从而引起人的注意来判断证实火灾发生的方式。听觉途径一般较视觉途径晚。这是因为火灾产生让人注意的声音（如木材燃烧的噼啪声音、玻璃遇热炸裂声音、玻璃倒塌掉落的声音等）时，火灾往往已处于猛烈的明火燃烧阶段。但是，因为声音传播和光的传播规律不同，所以人只要处在声音能够到达的距离内，不论他与火场之间是否存在有视觉障碍物，还是能够获得火灾声音信息。因此，人在不能通过其他途径发现火灾的情况下，听觉途径还是相当重要的。

③嗅觉途径。嗅觉途径是火灾信息中的气味通过嗅觉刺激，从而引起人的注意来判断证实火灾发生的方式。由于气味是随着空气的流动扩散而传播的，因此如同听觉途径一样，有时人对火灾气味的感知还是比较容易的。对于还没有产生明火燃烧的阴燃，通过嗅觉途径来较早地发现初期火灾，就是很好的一种情形。

④触觉途径。触觉途径主要是火灾信息中的热、振动等通过刺激人的感觉，从而引起大脑的反应来判断证实火灾发生的方式。触觉必须依靠接触来实现。因此，通过触觉途径来发现火灾，就要求人必须能够接触到火灾产生的热。尽管人通过这种途径发现火灾的案例相对少见，但对于一些特定情况还是存在的。在一些相对封闭的设备或容器内部着火，人也可能会通过触摸外壁感觉过热而意识到并发现火灾。

在发现火灾阶段，要分析人的施救行为对火灾过程的影响，应当着重了解火灾发现人是在什么时间获得火灾信息的；火灾发现人获得火灾信息时，其自身状态如何；火灾发现人是通过怎样的途径发现和判断火灾发生的；发现火灾时，火灾正处于怎样的阶段以及发展的趋势如何等信息，综合评价火灾发现人在发现火灾阶段对火灾过程的影响。

（2）报告火警阶段

火灾发现者选择怎样的报警行为，取决于发现者自身、火灾状态以及火灾现场相关情况等因素的诸多影响。发现者报告火警的行为直接影响火灾扑救力量的投入，对火灾控制过程十分重要。要分析报告火警阶段人的因素对火灾过程的影响程度，核心任务就是查明报警时间、报警方式、报警过程以及报警效果，具体内容包括：报警人在什么时间报告的火警，这个时间距离火灾发现时间有多久；报警人通过什么方式报告火警，报警程序存在哪些有利或不利因素；报警的内容是什么，报警后的效果如何；报告火警时火灾发展的状态。通过以上调查分析，综合评价报警是否及时、报警方式选择是否合理、报警是否达到预期效果等，得出报警情况人的因素对火灾过程的积极影响和消极影响的科学结论。

火灾初期阶段火势小、燃烧不猛烈、火灾产物数量少。在这个阶段，人能够较容易接近着火处并采取有效措施灭火，这是扑救火灾的最佳时期。一旦初期发现人的扑救行为失败，火灾会发展、蔓延下去，导致严重的危害后果。

（3）初期扑救阶段

在初期扑救阶段，分析人的因素对火灾过程的影响时应注意以下内容：分析发现人获得火灾信息的时间、发现人所处的状态、发现和判断火灾发生的途径，火灾所处的发展阶段与趋势等内容；对报警情况影响的分析，主要侧重分析报警时间、报警方式、报警过程以及报警效果等情况；对初期扑救影响的分析，应分析初期扑救行为人的基本情况、扑救决定的作出、扑救的方式、初期扑救的效果等内容。

3. 人的逃生行为对火灾结果的影响

在火灾威胁之下，人的逃生行为是影响火灾造成人员伤亡的关键因素。如果行为人表现出非适应性、恐慌、再进入、冒险等行为，在火灾中容易造成较严重的人员伤亡。

（1）非适应性行为

受火灾威胁时，非适应性行为主要包括忽视适应性行为，或忽视有利于其他人的疏散行为，或忽视对火灾产生的热、烟、火焰的传播与阻挡。没有关门便离开着火房间，从而导致火势迅速蔓延，使其他人处于受威胁的状态之中，这个简单的行为反应就是非适应性行为。但通常的非适应性行为是指不关心其他人，只顾个人从火灾中逃离，造成自己或其他人遭受伤害的行为。

（2）恐慌行为

受火灾威胁的人可能会表现出惊慌失措，呈现出一种非常行为状态，其显著特征就是恐慌。恐慌行为是非适应性行为的反应。火灾危险被发现及确认后，人在避险本能的支配下，会尽量向远离现场的方向逃逸。群体性恐慌发生后，通常会伴随拥挤、从众、趋光、归巢四种行为，影响人员疏散。恐慌是导致疏散受阻从而造成大量人员伤亡的主要因素。

（3）再进入行为

火灾统计发现，受火灾威胁人逃离现场时，有部分人会再进入火场，这些人通常完全清楚建筑中发生的火灾及起火位置和烟气扩散的程度。产生再进的心理动机通常是为抢救财物、灭火、检查火势或帮助他人。再进入行为本质上不属于非适应性行为，因为此种行为是行为人在理智的情况下，经过思考在有目的方式下进行的，不具备非适应性行为常有的感情焦虑或自我焦急的特征。

（4）冒险行为

受火灾威胁的人为了实现避险的目的，明知行为在很大程度上会致不良后果而仍选择该行为。如行为人选择从高空跳下，就是一种最典型的冒险行为。

（二）火灾场所环境因素对火灾的影响

1. 建筑结构与耐火等级对火灾的影响

建筑物火灾发生频率最高，危害后果也最严重。建筑物火灾发生后，建筑物的耐火程度、内部构造特点、表面构造以及疏散条件均对火灾具有影响作用。

（1）建筑耐火程度对火灾的影响

整体建筑的耐火程度用耐火等级来描述，它取决于建筑结构构件的耐火极限。建筑构件的耐火极限又由组成构件材料的燃烧性能来决定。按建筑的结构材料不同，可将建筑分为木结构、砖木结构、砖混结构、钢结构、钢混结构、钢与钢混混合结构。建筑结构材料不同，其对火灾发展的影响就不同。例如，用不燃材料建造的墙、楼板、屋顶等，就能有效地阻止火势发展；用难燃材料时，能在一定时间内阻止火势；即使是较薄的可燃木板隔墙或门等，也能在较短时间内阻止火势迅速发展。但是，钢结构虽然由不燃材料组成，却容易在高温作用下发生变形和倒塌，原因在于钢材的导热性能好，且其材料的力学性能随着温度升高而下降非常明显。

建筑耐火程度对降低火灾危害结果的作用，主要体现在在建筑物发生火灾时，确保其自身在一定的时间内不破坏，不传播火灾，延缓和阻止火势的蔓延；为人们安全疏散提供必要的时间，保证建筑物内人员安全脱险；为消防人员扑救火灾创造条件；为建筑物火灾后修复重新使用提供可能。

（2）建筑物内部构造特点对火灾的影响

不同结构的建筑物，火灾蔓延的规律和特点也不同，建筑物平面布置、房间容积大小、空心结构的数量和相互连通的情况以及建筑物立面构造等对火灾蔓延影响较大。

建筑物的平面布置形式很多。不同形式的平面布置，火灾蔓延的规律和特点也不同。例如，通廊式建筑发生火灾后，火势会沿着走廊通道蔓延扩大；单元式建筑物某房间发生火灾后，由于火焰不易突破墙壁和顶棚楼板，火势就被限制在单元内而蔓延迟缓。

大空间场所发生火灾时，通常会发生以下情况：场所空间大，空气充足，燃烧容易猛烈发展；大空间由于建筑跨度大，容易在火灾中较早发生变形或倒塌；当较狭小的空间首先起火时，热气流和火焰便迅速向大空间处流动，或是也随之向大空间场所蔓延。

建筑物的空心结构越多，特别是隔墙与楼板、顶棚等空心结构相互连通，一旦某部位起火，火势就会在空心结构内部蔓延，这对火势扩大是非常有利的，往往造成严重的后果。此外，楼梯间、电梯间或通风空调管网通道等，都是火灾容易蔓延的途径。

（3）建筑物表面构造特点对火灾的影响

建筑物内部起火，能否很快引起建筑外部起火，能否引起临近建筑起火甚至火烧连营，与建筑物表面构造特点关系密切。

当火灾在本体建筑由内部向外部及上部蔓延时，主要受以下因素影响：建筑物立面上窗口是否上下对应；窗子材料的燃烧性能；下部窗口上沿至上部窗口下沿的距离；起火建筑物屋面是否垮塌或被火烧穿等。建筑物上下层窗间距小，窗口位置上下对应，则下层火焰容易通过窗口向上层蔓延；屋面垮塌或被火烧穿，则导致火焰突破建筑向外部延伸。

建筑物内部起火，能否很快引起建筑外部起火，能否引起临近建筑起火，取决于邻近建筑与起火建筑的距离，邻近建筑外表材料的燃烧性能情况等。建筑间距越小，邻近建筑表面可燃物越多，则越容易被引燃。

（4）建筑疏散条件对火灾的影响

建筑疏散条件的好坏，决定建筑发生火灾后，内部受威胁人员和财产的疏散与救助。建筑发生火灾后，内部受威胁人员和财产等，都需要依赖建筑的疏散条件来脱离危险。安全疏散通道是否畅通、距离是否合理；建筑外侧简便楼梯是否被占用或被封锁；安全出口是否畅通、数量是否满足；建筑与外界相联系的窗子、阳台、楼顶平台等是否被人为设置了防盗网（栏）、广告牌等，都会直接影响人员和财产的疏散与救助。

2. 建筑内可燃物状况对火灾的影响

建筑物内可燃物状况，通常用火灾荷载来描述。火灾荷载是指在一个空间里所有物品包括建筑装修材料在内的总潜热能。建筑物内火灾荷载密度大，则火灾发生的概率大，燃烧猛烈，火灾温度高，对建筑构件的破坏作用大，火灾蔓延越容易，火灾危害结果也越严重。

需要注意的是，火灾荷载大小只是从宏观上间接地反映了场所火灾危险性的大小。事实上，场所内可燃物的种类、数量、状态、分布位置等具体情况，对火灾发生、火灾过程和火灾结果的影响才是直接而又具体的。

（1）可燃物种类对火灾的影响

从可燃物种类上看，可燃物的自燃点越低，越易起火；可燃物热能含量越高、热释放速率越大，火灾越猛烈并容易蔓延；可燃物燃烧发烟量和发烟速率直接影响着火灾场所的能见度；可燃物燃烧产物的毒性、窒息性、腐蚀性等对人员可能造成伤害。

（2）可燃物数量对火灾的影响

从可燃物数量上看，对于同一个场所而言，同类可燃物的数量越多，火灾荷载密度越大。发生火灾时，大的火灾荷载密度使火势更容易蔓延；火势蔓延使有效火灾荷载不断增大；有效火灾荷载的增大意味着有效火灾荷载密度的增大，而有效火灾荷载密度的增大又意味着火灾场所温度的升高，高的火场温度又为扩大有效火灾荷载提供了条件。这样，火灾场所就陷入了火灾蔓延的恶性循环。

（3）可燃物存在状态对火灾的影响

从可燃物存在的状态来看，同一可燃物在不同状态下对火灾的影响也是有差别的。例如，木桌不易被火柴点燃，但木材的刨花就非常容易被点燃。又如，松散的棉花易起明火并蔓延迅速，而被捆扎得很结实的棉花包就不易起明火，而是阴燃发出大量的烟，火灾蔓延的速度就慢。对于同一可燃物而言，以固定荷载形式存在比可移动荷载形式危害大；比表面积越大，危害越大。一般说来，固态可燃物、液态可燃物和气态可燃物的火灾危险性依次升级。

（4）可燃物分布对火灾的影响

从可燃物分布位置来看，在走廊、楼梯间、房间门口、建筑物出口，以及分布在疏散区域吊顶上的可燃物一旦着火，会严重影响人员的安全疏散；门口、窗口等孔洞附近，楼梯间或建筑竖向未分隔封闭的管道井、电缆井等处的可燃物，会使火灾迅速横竖向蔓延，使火灾很容易扩展到着火楼层以上的各个楼层；建筑物之间存放的大量可燃物，还可能导致火灾从着火建筑向邻近建筑的蔓延等。

3. 建筑消防设施状况对火灾的影响

完善的建筑消防设施对建筑抵御火灾的能力有着积极的正面影响，火灾发生后，有的设施能及时发现火灾并报警，有的能自动灭火，有的将火灾及其产物尽量控制在一定区域内，有的设施为人员逃生提供了便利，它们的存在都为抵御火灾、降低火灾危害发挥着重要作用。

建筑消防设施器材主要包括火灾自动报警系统、消防自动灭火系统、防火分隔设施、防烟设施、通风系统、消防电源、应急照明与疏散指示标志设施、建筑消火栓系统、灭火器材等。对于起火建筑而言，该建筑消防设施是否设置完备，是否具有良好的可靠性和有效性，将直接影响建筑抵御火灾的能力，并影响火灾过程和火灾结果。

（1）火灾探测与报警设施

火灾自动报警系统本身并不直接影响火灾的自然发展过程，其主要作用是及时将火灾信息通知有关人员，以便组织灭火或准备疏散，同时通过联动系统启动其他消防设施以灭火或控制烟气蔓延。

不同的火灾物理特征和相应的信号处理方法不同，不同传感器的火灾探测器差异也很大，主要有感温火灾探测器、感烟火灾探测器、火焰探测器、气体火灾探测器等几种常见的火灾探测器。这些火灾探测器通过探测火灾的物理特征，如温度、烟尘、火焰的电磁辐射以及火灾气体产物等，来判断和确认火灾，发出火灾报警信号。然而，每一种火灾探测器并不能保证在任何时候、任何地点不出现差错或问题，因此，火灾发生后对火灾探测器和火灾探测系统的可靠性进行综合分析评估就十分有必要。

（2）控制与灭火设施

接到火灾报警信息后，有些消防系统可以自动或通过人工手动等方式开始动作，来控制火灾蔓延、排除火灾烟气或扑灭火灾，这些系统或设施包括自动灭火系统、防烟排烟系统、防火卷帘、防火门（窗）、挡烟垂壁、消防水幕、阻火圈（包）设施等。

上述系统或设施若没有发挥预期的作用，则会导致火灾自由蔓延，扩大火灾范围，造成严重的火灾后果。这些情况存在的原因可能是：防火卷帘下方堆放物品，火灾时不能正常下降到位；常闭式防火门（窗）被人为控制在敞开状态，火灾时不能正常发挥作用；消防水幕损坏、瘫痪；阻火圈（包）脱落、失效等；机械排烟设施故障；挡烟垂壁损坏；防烟楼梯间的门被阻挡不能关闭等。此外，如消防电源不正常供电，自动灭火系统不正常启动，灭火剂供应不足，水喷淋系统的喷淋头安装位置不当或被遮挡，采用气体灭火系统的场所火灾时不能密闭，建筑消火栓系统无水或水压不足，消防水带、水枪破损、丢失，灭火器失效等情况的存在，也会妨碍及时有效地扑灭火灾，造成火灾的蔓延扩大。

（3）应急照明与疏散指示标志设施

火灾发生后，正常供电的中断、火灾烟气的干扰，使人员疏散、物资抢救活动受到极大影响。此时，必须解决火灾时的应急照明问题，并设置指示标志以有效引导人员疏散。火灾发生后，应急照明与疏散指示标志若未正常发挥预期的作用，则应着重分析是否存在以下问题：应该安装应急照明与疏散指示标志设施的建筑场所没有安装；虽安装了这些设施，但安装数量不足，位置不正确、不合理；因长期缺乏检修、维护而陷于损坏状态，例如非火灾时未充电；设施产品本身存在质量问题，例如照度不够或持续时间过短等。

4. 易燃易爆危险物品对火灾的影响

易燃易爆危险物品对火灾的影响，主要是由其燃点低、热值大、易爆炸的特点决定的。燃点低，使它们容易参与到火灾中来；热值大，使火灾现场有效火灾荷载激增；易爆炸，使火灾瞬间蔓延、扩大，不易控制，直接威胁建筑结构和人身安全。

（1）爆炸冲击波对火灾的影响

冲击波的破坏作用与爆炸点的距离远近有关。距离越近，冲击波的破坏作用就越大；反之，距离越远，影响就越小。爆炸冲击波的作用，可能对火场有如下影响：冲击波将燃烧着的或高温物质向四周抛散，这些物质如果接触到合适的可燃物，就会引起新的起火点，造成火灾范围扩大，增加火场有效火灾荷载；冲击波机械力作用，破坏了一些结构构件的保护层，保护层脱落使可燃物暴露，降低了构件的耐火极限，威胁了建筑安全；足够大的冲击波，会使建筑结构发生局部变形或倒塌，使火灾蔓延途径变化，蔓延扩大，甚至突破着火建筑本身；倒塌还意味着灾难性后果。冲击波可能会使炽热的火焰穿过缝隙等不严密处，引起某些设备或结构内部的易燃物着火；火场中原来沉积的某些粉尘可能在冲击波作用下被扬起，与空气形成新的爆炸性混合物，发生再次爆炸或多次爆炸。另外，冲击波还可能会直接给人体造成伤害。

（2）爆炸热对火灾的影响

爆炸对火灾的另一个重要影响因素是热。爆炸产生的大量热，会把爆炸周围区域内的一些低燃点的易燃物在瞬间点燃，使爆炸场所有效火灾荷载密度激增。爆炸热还能使区域内灭火人员或被困人员的皮肤或呼吸系统受到伤害。

（三）其他因素对火灾的影响

1. 气象条件对火灾的影响

（1）气温、雨（雪）、雷电等对火灾的影响

气温对火灾的影响，主要体现在两个方面。一方面，气温越低，火灾烟气温度与环境温差就越大，火场上热气流上升和冷空气进入的速度就越快，气体对流的增强，使燃烧更猛烈，助长了火势蔓延；另一方面，气温越高，可燃物温度越高，就越容易起火。温度对自燃火灾的影响是显而易见的。

雨（雪）使得一些表面容易起火的火灾得以避免。例如用草、木、竹、毡等易燃材料搭建的房屋，久旱无雨则容易着火。另外，雨（雪）还能降低

燃烧强度，阻碍火势发展，较大的雨（雪）有时帮助人们扑灭了露天火灾。但在某些情况下，对于某些自燃物质（如稻草）或遇水会发生剧烈放热反应的某些化学物质（如钠），雨（雪）也会成为创造火灾条件的一个因素。雷电对火灾最直接的影响就是会引发雷击火灾。

（2）大风对火灾的影响

火场上，往往由于风向的改变，而使火势蔓延方向发生变化。特别对于室外火灾，风对火势的影响更为明显。当风吹向建筑时，在建筑物表面周围形成压力差，在压力差作用下，建筑物背风处形成马蹄形旋风区域。部分火灾产物在旋风区域内的循环流动，使该区域内的可燃物被点燃。同时，风对燃烧材料和燃烧产物的机械作用，会使火种飘移到下风方向，遇到合适的可燃物就会形成新的起火点。可见，风不仅可以使本来的燃烧更猛烈，还可能会促成新的燃烧——火灾空间范围上的扩大，这对火灾结果有时具有关键性的影响。

2. 扑救力量对火灾的影响

在分析扑救力量对火灾的影响时，应注意以下内容。（1）消防规划情况

是否按照规划应该设置消防站而没有设置，消防站距离火灾发生地距离、道路状况是否影响了消防人员尽快到达，消火栓等市政公共消防基础设施是否满足了灭火作战的需要。

（2）扑救情况

消防站在人员力量、装备配置、信息调度等方面是否存在影响灭火救援的因素；扑救火灾及救助人员方面是否存在战略、战术上的失误。

第六章　火灾事故的处理

第一节　火灾事故责任追究

一、概述

（一）火灾事故处理的概念

火灾事故处理是公安机关消防机构的一项法定职责，是在认定火灾事故原因的基础上，对火灾责任者进行追究火灾责任的过程。而火灾责任是指行为人的行为导致了火灾的发生或发展，其行为与火灾之间存在一定的因果关系，对火灾的发生或发展承担相应的法律后果。火灾事故责任者是包括引发火灾事故并应负责任的单位和个人。

（二）火灾事故责任的构成要件

火灾事故责任的构成要件是确定火灾责任有无、种类及大小的主要参数，是火灾事故责任人承担法律责任的基本条件，是追究火灾事故责任的主要理由。火灾事故责任的构成要件包括违法行为、主观过错、损害后果、因果关系、责任能力。

1. 违法行为

违法行为是指行为人具有违反消防法律法规的行为。

2. 主观过错

主观过错是指行为人主观上存在过错即故意或过失引起火灾。故意是指行为人明知自己的行为会造成危害后果，而希望或放任这种危害的发生。故意又分为作为和不作为两种形式。作为是指行为人以积极的方式去实施法律所禁止的行为，如行为人放火烧国家或他人财物的行为。不作为则是以消极的方式不履行自己应尽的特定义务，如某甲是仓库保管员，当他发现所保管的易燃物资正在被燃烧的烟头点燃时，却置之不理，导致火灾发生。过失行为是指行为人应当能预见到自己的行为会发生危害后果，却由于疏忽大意而没有预见到，或已经预见到自己的行为会发生危害后果，但轻信能够避免，如某电工用铜丝代替保险丝接通了电源，结果造成因负荷过大而导致火灾的行为。

3. 损害后果

损害后果是指因火灾的发生而导致财物的损失或人身伤亡。但是放火未遂除外，只要实施了放火的行为，不论是否造成损害，均应承担法律责任。

4. 因果关系

违法行为与损害事实之间存在因果关系，即火灾发生是由于行为人故意或过失造成的，两者互为因果关系，否则不承担法律责任。如因地震引起仓库着火造成巨大经济损失，仓库保管员不承担法律责任。

5. 责任能力

行为人应当具有相应的责任能力，没有责任能力的行为人不承担相应责任。

（三）火灾事故责任的分类

1. 按照火灾事故责任者的行为与火灾事故之间的关系分类

按照火灾事故责任者的行为与火灾事故之间的关系，可以把火灾事故责任者划分为直接责任、间接责任、直接领导责任、领导责任四类。

①直接责任是指行为人直接导致火灾事故的发生、扩大、蔓延。

②间接责任是指虽然没有直接导致火灾事故的发生，但是由于不履行或不正确履行自己的职责，而对火灾事故的发生、扩大、蔓延负有一定责任。

③直接领导责任是指在其职责范围内，对直接主管的工作不负责任，不履行或者不正确履行职责，对造成的火灾事故负有主要领导责任。

④领导责任是指在其职责范围内，对本单位或下属单位存在的火灾隐患失察或发现后纠正不力，以致发生火灾事故，对造成的火灾事故负有一定领导责任。

2．根据法律规定和造成的性质、损失、伤亡和危害大小分类

根据我国的法律规定和行为人所造成火灾的性质、损失、伤亡和危害大小，将火灾事故责任划分为刑事责任、民事责任、行政责任和党纪政纪责任。

（1）刑事责任

刑事责任是依据国家刑事法律规定，对犯罪嫌疑人依法追究的法律责任。在火灾事故调查处理中可能追究刑事责任的主要有放火罪、失火罪、消防责任事故罪、重大责任事故罪、强令违章冒险作业罪等。其中，失火罪和消防责任事故罪由公安机关消防机构管辖。在司法实践中，追究刑事责任主要以刑事处罚来体现。

（2）民事责任

民事责任是民事主体在民事活动中，因实施了民事违法行为，根据法律规定所承担的对其不利的民事法律后果或者基于法律特别规定而应承担的民事法律责任。民事责任主要是一种民事救济手段，旨在使受害人被侵犯的权益得以恢复，火灾事故案件中火灾导致受害人（或受灾人）身体受伤或财产损失，火灾责任人应承担相应的民事赔偿责任。

（3）行政责任

行政责任是指依据国家行政法规，对违反行政法规且尚未构成犯罪的责任主体（包括行为人和单位）依法追究的法律责任。行政责任追究的方式有行政处罚和行政处分，行政处罚的对象为社会单位及自然人，而行政处分对象只是国家机关内的工作人员。

（4）党纪政纪责任

违反党章、党纪和党的政策，违反国家法律、法规、政策和社会主义道德规范，危害党、国家和人民利益的行为，包括不认真执行劳动保护、安全生产和消防方面的法规，致使发生爆炸、火灾、翻车、沉船、飞机失事、工程倒塌以及其他事故的；在灾害面前，未采取必要和可能的措施，贻误时机，使本来可以避免的损失未能避免的；在组织群众性活动时，缺乏周密布置，对可能发生的问题未采取有效的防范措施，发生恶性事故的党员，应承担违反党纪的责任。

违反行政管理法规、规章等，造成火灾或致使火灾损失扩大，尚未构成犯罪的国家机关工作人员和职工，应承担违反政纪的责任。

二、火灾事故责任追究

（一）行政责任追究

1. 行政处罚

行政处罚是指有行政处罚权的行政主体为维护公共利益和社会秩序，保护公民、法人或其他组织的合法权益，依法对行政相对人违反行政法律法规而尚未构成犯罪的行为所实施的法律制裁。《消防法》具体规定的六类行政处罚，分别为警告，罚款，拘留，责令停产停业、停止使用、停止施工，没收违法所得，责令停止执业（吊销资质、资格）。在火灾事故调查处理中常见的行政处罚有警告、罚款、拘留。

（1）警告

警告是申诫罚的一种形式，指公安机关消防机构对轻微消防违法行为人的谴责和告诫。在实施警告时，向消防违法行为人发出警戒，申明其有违法行为，通过对其名誉、荣誉、信用的影响，使被警告人认识自己行为的社会危害性，从而约束自己履行法律义务，不致再犯。警告是一种正式的处罚形式，一般应以书面形式作出，把被处罚人违反的消防法律法规的事实、处罚记录在案，处罚决定书必须向本人宣布并送交当事人。

（2）罚款

罚款是对违反消防法律法规的行为人在一定期限内令其缴纳一定数量货币的处罚形式。罚款是剥夺相对人的财产权的处罚，不影响相对人的人身自由，也不限制或剥夺相对人的行为能力，同时能起到制裁的作用。罚款的适用范围非常广泛，可适用于轻微或严重的消防违法行为，即适用于公民，也可适用于单位。罚款的目的是让相对人承担一定的金钱给付义务的方式来纠正和制止违法行为。在实施罚款处罚时，首先，要正确掌握罚款的幅度，针对违法行为的性质、情节、社会危害程度做出，避免畸轻畸重和明显的不当现象；其次，处罚决定权与执行权相分离，即做处罚决定的机构与收受罚款的机构不能是同一机构。

（3）拘留

行政拘留是对消防违法行为人，在短期内剥夺其人身自由的处罚形式。它是所有行政处罚形式中，最为严厉的一种。其行使机关、适用范围和对象都受到严格的法律限制。拘留属于限制人身自由罚，只能由法律设定，并由公安机关执行。拘留的期限为 1 日以上 15 日以下，有两种以上违法行为，分别决定，合并执行的，最长不超过 20 日。

2．行政处分

行政处分是指国家机关、企事业单位对所属的国家工作人员尚不构成犯罪的违法失职行为，依据法律、法规所规定的权限而给予的一种惩戒。行政处分的种类有警告、记过、记大过、降级、撤职、开除。

（二）刑事责任追究

刑事责任追究主要体现为刑事处罚。在火灾中可能追究的刑事责任主要放火罪、失火罪、消防责任事故罪、重大责任事故罪、强令违章冒险作业罪、危险物品肇事罪等。其中，失火罪和消防责任事故罪由公安机关消防机构管辖。

1．放火罪

放火罪是指故意引起火灾，危害公共安全的行为。

（1）管辖

涉嫌放火罪的嫌疑犯均由公安机关刑事侦查部门立案侦查。

（2）立案追诉标准

无论放火者是否造成严重后果，只要实施了放火行为，不管是未遂还是既遂，均应追究刑事责任。

（3）刑罚

犯放火罪但尚未造成严重后果的，处 3 年以上 10 年以下有期徒刑；致人重伤、死亡或者使公私财产遭受重大损失的，处 10 年以上有期徒刑、无期徒刑或者死刑。

2．失火罪

失火罪是指过失引起火灾，致人重伤、死亡或者使公私财产遭受重大损失，危害公共安全的行为。

（1）管辖

涉嫌失火罪的人员由县级以上公安机关消防机构管辖，未成立消防机构的由县级以上公安机关管辖。

(2) 立案追诉标准

过失引起火灾，涉嫌下列情形之一的，应予立案追诉。

①造成死亡 1 人以上，或者重伤 3 人以上的。

②造成公共财产或者他人财产直接经济损失 50 万元以上的。

③造成 10 户以上家庭的房屋以及其他基本生活资料烧毁的。

④造成森林火灾，过火有林地面积 2 公顷以上，或者过火疏林地、灌木林地、未成林地、苗圃地面积 4 公顷以上的。

⑤其他造成严重后果的情形。

其中，有林地、疏林地、灌木林地、未成林地、苗圃地，按照国家林业主管部门的有关规定确定。

(3) 刑罚

犯失火罪的处 3 年以上 7 年以下有期徒刑；情节较轻的处 3 年以下有期徒刑或者拘役。

3. 消防责任事故罪

消防责任事故罪是指违反消防管理法规，经消防监督机构通知采取改正措施而拒绝执行，造成严重后果的行为。

(1) 管辖

涉嫌失火罪的由县级以上公安机关消防机构管辖，未成立消防机构的由县级以上公安机关管辖。

(2) 立案追诉标准

违反消防管理法规，经消防监督机构通知采取改正措施而拒绝执行，涉嫌下列情形之一的，应予立案追诉。

①造成死亡 1 人以上，或者重伤 3 人以上。

②造成直接经济损失 50 万元以上的。

③造成森林火灾，过火有林地面积 2 公顷以上，或者过火疏林地、灌木林地、未成林地、苗圃地面积 4 公顷以上的。

④其他造成严重后果的情形。

(3) 刑罚

犯消防责任事故罪的，对直接责任人员处 3 年以下有期徒刑或者拘役；后果特别严重的，处 3 年以上 7 年以下有期徒刑。

4．重大责任事故罪

重大责任事故罪是指在生产、作业中违反有关安全管理的规定，因而发生重大伤亡事故或造成其他严重后果的行为。

（1）管辖

涉嫌重大责任事故罪的，由公安机关刑事侦查部门管辖。

（2）立案追诉标准

造成死亡1人以上或重伤3人以上，或者直接经济损失50万元以上，或者发生矿山生产安全事故，造成直接经济损失100万元以上，或者其他造成严重后果的情形，应以重大责任事故罪立案追诉。

（3）刑罚

犯重大责任事故罪的，处3年以下有期徒刑或者拘役；情节特别恶劣的，处3年以上7年以下有期徒刑。

5．强令违章冒险作业罪

强令违章冒险作业罪是指强令他人违章冒险作业，因而发生重大伤亡事故或造成其他严重后果的行为。

（1）管辖

涉嫌强令违章冒险作业罪的，由公安机关刑事侦查部门管辖。（2）立案追诉标准

造成死亡1人以上或重伤3人以上，或者直接经济损失50万元以上，或者发生矿山生产安全事故，造成直接经济损失100万元以上，或者其他造成严重后果的情形，应以强令违章冒险作业罪立案追诉。

（3）刑罚

犯强令违章冒险作业罪的，处5年以下有期徒刑或者拘役；情节特别恶劣的，处5年以上有期徒刑。

6．危险物品肇事罪

危险物品肇事罪是指违反爆炸性、易燃性、放射性、毒害性、腐蚀性物品的管理规定，在生产、储存、运输、使用中发生重大事故，造成严重后果的行为。

（1）管辖

涉嫌危险物品肇事罪的，由公安机关治安部门管辖。

（2）立案追诉标准

造成死亡1人以上或重伤3人以上，或者造成直接经济损失50万元以上，或者其他造成严重后果的情形，应以危险物品肇事罪立案追诉。

（3）刑罚

犯危险物品肇事罪的，处3年以下有期徒刑或者拘役；后果特别严重的，处3年以上7年以下有期徒刑。

（三）民事责任追究

承担民事责任的主要方式有停止侵害，排除妨碍，消除危险，返还财产，恢复原状，修理、重作、更换，赔偿损失，支付违约金，消除影响、恢复名誉，赔礼道歉。

根据《中华人民共和国民法通则》的规定，公民、法人由于过错侵害国家的、集体的财产，侵害他人财产、人身的，应当承担民事责任。没有过错，但法律规定应当承担民事责任的，应当承担民事责任。对于涉及多方当事人的火灾事故，起火原因一旦确定，必然有一方要承担相应的民事赔偿责任。

《消防法》没有赋予公安机关消防机构调解民事纠纷的职责。但是，对于涉及多方当事人的火灾，导致火灾当事人对火灾原因认定不服的一个重要因素就是民事纠纷。不少火灾事故当事人虽然对火灾原因也表示认同，但为逃避民事赔偿责任仍提出复核，甚至进行上访。在依法对火灾事故进行处理的同时，公安机关消防机构也可以对因火灾造成的民事纠纷进行帮助调解，如果当事人之间能够将纠纷及时化解，对火灾事故处理是非常有利的。

（四）党纪政纪追究

1. 党纪追究

党纪追究主要表现为党纪处分，党纪处分是指党组织对实施违反党章、党内法规和党的政策，违反国家法律、法规、政策和社会主义道德规范，危害党、国家和人民利益的行为的党员所给予的处分。党纪处分的种类有警告、严重警告、撤销党内职务、留党察看、开除党籍。

《中国共产党纪律处分条例》规定，具有“不认真执行消防方面的法规，致发生火灾事故；在火灾事故面前未采取必要和可能措施，贻误时机，使本来可以避免的损失未能避免的；在组织群众性活动时，缺乏周密布置，对可能发生的问题未采取有效的防范措施，发生恶性火灾事故”之一的，应当追究责任人的党纪责任。具体责任为：造成较大损失的，对负有直接责任者，给予严重警告或者撤销党内职务处分。造成重大损失的，对负有直接责任者，给予留党察看或者开除党籍处分；负有主要领导责任者，给予撤销党内职务或者留党察看处分；负有重要领导责任者，给予警告、严重警告或者撤销党内职务处分。

2. 政纪追究

为了有效地防范特大火灾事故的发生，保障人民群众生命财产安全，《国务院关于特大安全事故行政责任追究的规定》中对特大火灾事故的政纪责任作了明确的规定，发生特大火灾事故，社会影响特别恶劣或者性质特别严重的，由国务院对负有领导责任的省长、自治区主席、直辖市市长和国务院有关部门正职负责人给予行政处分。特大火灾事故发生后，有关县（市、区）、市（地、州）和省、自治区、直辖市人民政府及政府有关部门未按照国家规定的程序和时限立即上报；隐瞒不报、谎报或者拖延报告，或阻碍、干涉事故调查的，对政府主要领导人和政府部门正职负责人给予降级的行政处分。

第二节　火灾行政案件办理

火灾行政案件办理也要遵循《中华人民共和国行政处罚法》（以下简称《行政处罚法》）《公安机关办理行政案件程序规定》等法律、法规，但火灾行政案件办理有其特殊性，分为简易程序和一般程序两种。其中在一般程序中，为了查明案件事实，公正、合理地实施行政处罚，在作出行政处罚决定前，可启动听证程序，通过公开举行由利害关系人参加的听证会广泛听取意见。

一、简易程序

（一）简易程序的适用条件

火灾行政案件中的简易程序是指调查人员在火灾事故处理中，对于违法事实确凿、情节简单的行政处罚事项当场进行处罚的行政处罚程序。根据《行政处罚法》《公安机关办理行政案件程序规定》有关简易程序规定：适用简易程序必须“违法事实确凿并有法定依据，对公民处以 50 元以下、对法人或者其他组织处以1000元以下罚款或者警告的行政处罚的，可以当场作出行政处罚决定”说明适用简易程序必须具备以下条件。

1．违法事实确凿

违法事实确凿即违法的事实清楚，证据充分，没有异议。

2．有法定依据

有法定依据即必须是法律、行政法规或规章规定可以处罚的。

3．限于警告、罚款等较轻微的行政处罚

限于警告、罚款等较轻微的行政处罚即对公民处以50元以下、对法人或者其他组织处以1 000元以下罚款或者警告。

（二）简易程序的具体步骤

调查人员依照简易程序作出当场行政处罚决定，应当按下列程序进行。

1．表明身份

向当事人出示执法身份证件，表明身份。

2．说明处罚理由

向当事人说明给予行政处罚的原因和依据，包括违法行为的事实、证据和据以当场作出行政处罚决定的法律依据。

3．给予当事人陈述和申辩的机会

对违法行为人的陈述和申辩，应当充分听取；违法行为人提出的事实、理由或者证据成立的，应当采纳。不得因当事人的申辩加重处罚。

4．填写《当场处罚决定书》并当场交付被处罚人

《当场处罚决定书》应当载明以下内容：违法行为，即违法的事实和证据；行政处罚的依据，据以作出行政处罚的消防法规；行政处罚种类以及处罚幅度；行政处罚的时间、现场地点；作出处罚决定机关名称（要有公章）；调查人员的签名或者盖章。

5．收缴罚款

当场收缴罚款的，同时填写罚款收据，交付被处罚人；不当场收缴罚款的，应当告知被处罚人在规定期限内到指定的银行缴纳罚款。

6．备案审查

消防行政执法人员当场作出的行政处罚决定，必须报所属公安机关消防部门备案审查。

二、一般程序

适用一般程序办理的行政处罚案件主要包括受案、调查取证、处罚告知、处罚决定、送达、执行与结案几个步骤。

（一）受案

公安机关消防机构在进行火灾事故调查时，如发现单位或个人违反了《消防法》的有关规定，且根据《消防法》应予以处罚的，承办人员应及时受案，经公安机关消防机构办案部门负责人或县级公安机关消防机构负责人批准并进行分工后，才能进行调查取证。除适用简易程序外，承办人员不得少于2人，其中有1名为主责承办人，其他为协办人。

（二）调查取证

经批准受案后，承办人员应围绕受案的案由进行调查取证。在调查取证中要调查清楚的案件事实有以下几个方面：违法嫌疑人的基本情况；违法行为是否存在；违法行为是否为违法嫌疑人实施；实施违法行为的时间、地点、手段、后果及其他情节；违法嫌疑人有无法定从重、从轻、减轻以及不予处理的情形；与案件有关的其他事实。

公安机关消防机构调查取证的手段主要有询问、勘验、检查、鉴定、检测、辨认、抽样取证、扣押、先行登记保存。

火灾事故调查人员在进行调查取证时最常采用的手段是询问，通过询问火灾当事人、证人等获取相关的证据。询问查证的时间不得超过8h，但对案情复杂，违法行为依照法律规定适用行政拘留处罚的，经公安机关办案部门以上负责人批准，询问查证的时间不得超过24h。询问不满16周岁的未成年人时，应当通知其父母或者其他监护人到场，其父母或者其他监护人不能到场的，可以通知其教师到场。确实无法通知或者通知后未到场的，应当记录在案。

（三）处罚告知

公安机关消防机构在作出行政处罚决定之前，应当告知当事人拟作出行政处罚决定的事实、理由及依据，并告知当事人依法享有的权利。并允许其申辩，听取其意见并制作填写《行政处罚告知笔录》。当事人提出的事实、理由或者证据成立的，应当采纳。

说明理由是公安机关消防机构办理行政案件、实施行政处罚过程中必须履行的程序性义务，不履行这一义务，行政处罚决定不能成立。告知权利的内容包括告知申请回避权、申辩权、陈述事实、提出证据权，申请行政复议、行政诉讼权等。对适用听证程序的行政案件，办案人员提出处罚意见后，应当告知违法嫌疑人拟作出行政处罚的种类和幅度及有要求举行听证的权利。

（四）处罚决定

调查终结后，公安机关消防机构依据《公安机关办理行政案件程序规定》《公安机关内部执法监督工作规定》《公安机关法制部门工作规范》等开展案件审核工作。经审核后，办案人员将“消防行政处罚审批表”连同案件材料，报公安机关消防机构负责人审批。公安机关消防机构根据不同情况，分别作出如下决定：确有应受行政处罚的违法行为的，根据情节轻重及具体情况，作出行政处罚决定；违法行为轻微，依法可以不予行政处罚的，不予行政处罚；违法事实不能成立的，不得给予行政处罚；违法行为已构成犯罪的，启动火灾刑事案件办理程序。

（五）送达

1. 直接送达

当事人是自然人的，直接将文书当场交付被处理人本人，并由被处理人在附卷的文书上签名或者盖章，即为送达。当事人是单位的，由单位的法定代表人或者有关负责人签收；或者由该单位负责收件的人员签收，并加盖该单位或者单位收发部门公章。

2. 留置送达

受送达人本人或者代收人拒绝接收或者拒绝签名、盖章的，送达人可以邀请其邻居或者其他见证人到场，说明情况，把文书留在受送达人处，在《送达回执》上注明拒绝的事由、送达日期，由送达人、见证人签名或者捺指印，并在备注栏注明见证人身份，即视为送达。

3. 委托送达

无法直接送达的，可以委托公安派出所代为送达。采用委托送达的应当出具委托函，并附有需要送达的文书和《送达回执》。由被委托单位填写《送达回执》，并在备注中注明被委托单位名称。委托送达以受送达人在《送达回执》上签收的日期为送达日期。

4. 邮寄送达

无法直接送达的，也可以邮寄送达。采用邮寄送达的，应当使用挂号信挂号邮寄，并将邮件收据和挂号信回执附《送达回执》后。邮寄送达以挂号信回执上注明的收件日期为送达日期。

5. 公告送达

经采取上述送达方式仍无法送达的，可以公告送达。公告的范围和方式应当便于公民知晓，可以采用在当地主流报纸公告、在受送达人住址张贴公告等方式，公告期限不得少于 60 日。公告送达自发出公告之日起满 60 日，即视为送达。

（六）执行与结案

行政处罚决定依法作出后，当事人应当在行政处罚决定的期限内，予以履行。当事人对行政处罚决定不服向行政复议机关申请复议或者已向人民法院提起行政诉讼的，行政处罚不停止执行，法律另有规定的除外。

案件办理完毕，属于下列情况的，消防行政执法主体可以结案：行政处罚决定执行完毕的；经人民法院判决或者裁定并执行完毕的；免于行政处罚或者不予行政处罚的。

三、听证程序

听证程序是指行政机关为了查明案件事实，公正、合理地实施行政处罚，在作出行政处罚决定前，通过公开举行由利害关系人参加的听证会广泛听取意见的程序。

（一）适用听证程序的条件

公安机关消防机构在作出下列行政处罚决定之前，应当告知违法嫌疑人有要求举行听证的权利：①责令停产停业；②吊销许可证或者执照；③较大数额罚款；④法律、法规和规章规定违法嫌疑人可以要求举行听证的其他情形。其中，“较大数额罚款”是指对个人处以 2 000 元以上罚款，对单位处以 1 万元以上罚款。对依据地方性法规或者地方政府规章作出的罚款处罚，适用听证的罚款数额按照地方规定执行。

（二）听证的时限

当事人要求听证的，应当在被告知听证权利后 3 日内提出申请，否则视为放弃听证权利。公安机关消防机构收到听证申请后，应当在2日内决定是否受理，认为听证申请人的要求不符合听证条件，决定不予受理的，应当制作《不予受理听证通知书》，告知听证申请人；公安机关消防机构受理听证的，应当在举行听证的7日前将举行听证通知书送达听证申请人，并将举行听证的时间、地点通知其他听证参加人；听证应当在收到听证申请之日起10日内举行。

（三）听证的实施

听证由公安机关消防机构非本案调查人员组织。听证主持人由公安机关消防机构指定。听证主持人必须由非本案调查人员且与本案没有直接利害关系的人员担任。听证人员应当就行政案件的事实、证据、程序、适用法律等方面全面听取当事人的陈述和申辩。除涉及国家秘密、商业秘密、个人隐私的行政案件外，听证要公开举行。

听证开始时，听证主持人核对听证参加人；宣布案由；宣布听证员、记录员和翻译人员名单；告知当事人在听证中的权利和义务；询问当事人是否提出回避申请；对不公开听证的行政案件，宣布不公开听证的理由。

听证开始后，首先由办案人员提出听证申请人违法的事实、证据和法律依据及行政处罚意见。办案人员提出证据时，应当向听证会出示。对证人证言、鉴定意见、勘验笔录和其他作为证据的文书，应当当场宣读。听证申请人可以就办案人员提出的违法事实、证据和法律依据以及行政处罚意见进行陈述、申辩和质证，并可以提出新的证据。第三人可以陈述事实，提出新的证据。听证申请人、第三人和办案人员应当围绕案件的事实、证据、程序、适用法律、处罚种类和幅度等问题进行辩论。辩论结束后，听证主持人应当听取听证申请人、第三人、办案人员各方最后陈述意见。

听证结束后，由记录员制作听证笔录并交听证申请人阅读或者向其宣读。听证笔录中的证人陈述部分，应当交证人阅读或者向其宣读。听证申请人或者证人认为听证笔录有误的，可以请求补充或者改正。听证申请人或者证人审核无误后签名或者捺指印。拒绝签名或者捺指印的，由记录员在听证笔录中记明情况。听证笔录经听证主持人审阅后，由听证主持人、听证员和记录员签名。听证结束后，听证主持人应当写出听证报告书，连同听证笔录一并报送公安机关消防机构负责人。公安机关消防机构负责人应当根据听证情况，作出处理决定。

（四）听证的中断和终止

在听证过程中，需要通知新的证人到会、调取新的证据或者需要重新鉴定或者勘验；或因回避致使听证不能继续进行时，听证主持人可以中止听证，待中止听证的情形消除后，及时恢复听证。

在听证过程中，遇到以下情形之一时，应当终止听证。

①听证申请人撤回听证申请。

②听证申请人及其代理人无正当理由拒不出席或者未经听证主持人许可中途退出听证的。

③听证申请人死亡或作为听证申请人的法人或其他组织被撤销、解散的。

④听证过程中，听证申请人或其代理人扰乱听证秩序，不听劝阻，致使听证无法正常进行的。

四、行政处罚的适用方法

行政处罚的适用方法是指行政处罚运用于各种行政违法案件和违法者的方式或方法，也可以说是行政处罚的方法。在行政处罚适用中，应区别各种不同的情况，采用不同的处罚方法。

（一）不予处罚

不予处罚是指消防行政相对人的行为在形式上虽已构成消防违法，但是因有法定的事由存在而实质上可以不承担法律责任，消防行政执法主体对其不给予行政处罚。根据我国相关法律法规的规定，具有下列情况时，对行为人不给予处罚。

①不满十四周岁的人有违法行为的，不予行政处罚，责令监护人加以管教。这是因为行为人不具备责任能力。

②精神病人在不能辨认或者不能控制自己行为时有违法行为的，不予行政处罚，但应当责令其监护人严加看管和治疗。

③违法行为轻微并及时纠正，没有造成危害后果的，不予行政处罚。这是从违法行为的程度、危害后果和悔过态度等三个方面来综合考虑的。如果违法行为同时具备程度轻微、没有造成危害后果并被行为人及时予以纠正这三个条件，则不予处罚。

④超过追究时效期限的，不给予行政处罚。一般违法行为在二年内未被

发现的，不再给予行政处罚。法律另有规定的除外。其规定的期限，从违法行为发生之日起计算；违法行为有连续或者继续状态的，从行为终了之日起计算。

⑤又聋又哑的人或者盲人由于生理缺陷的原因而违反《中华人民共和国治安管理处罚法》中规定的消防行政违法行为的，不给予行政处罚。

⑥依法应当给予行政处罚的，必须查明事实；违法事实不清的，不得给予行政处罚。

（二）从轻或减轻处罚

从轻处罚是指对消防行政违法行为人在法定的处罚幅度内就轻、就低予以处罚，但是不能低于法定处罚幅度的最低限度。减轻处罚是指对消防行政违法行为人在法定处罚幅度的最低限度以下给予处罚。

从轻或减轻处罚主要针对以下几种情况。

①已满 14 岁不满 18 岁的人有消防违法行为的。

②主动消除或减轻违法行为危害后果的。

③受他人胁迫有违法行为的。

④配合消防行政主体查处违法行为有立功表现的。

⑤其他依法应从轻或者减轻行政处罚的。这是指以上述四种情形之外，其他法律、法规另有规定的以及今后法律、法规可能会规定的从轻或者减轻情形。

（三）从重处罚

从重处罚是指消防行政执法主体对消防行政违法行为人在法定的处罚方式和处罚幅度内，在数种处罚方式中适用较严厉的处罚方式，或在某一处罚方式允许的幅度内适用接近于上限或上限的处罚。

根据我国的消防法律法规，从重处罚主要针对以下几种情况。

①违法情节恶劣，后果严重的。

②在结伙实施中起主要作用的。

③多次违法、屡教不改的。

④胁迫、诱骗他人或者教唆未成年人违法的。

⑤抗拒、妨碍执法人员查处其违法行为的。

⑥对检举人、证人打击报复的。

⑦隐匿、销毁、伪造有关证据，企图逃避法律责任的。

⑧其他依法应从重处罚的。如已经通过消防设计审核，擅自改变消防设计，降低消防安全标准的；建设工程未依法进行备案，且不符合国家工程建设消防技术标准强制性要求的；经责令限期备案逾期不备案的；工程监理单位与建设单位或者施工单位串通，弄虚作假，降低消防施工质量的。应当依法从重处罚。

（四）分别处罚

分别处罚是指对同一消防违法行为中的多个当事人或者对同一当事人不同种类的多个违法行为分别加以确定，并分别给予相应措施的行政处罚。

分别处罚主要有以下几种情况。

①对两人以上共同实施同一个违法行为，处罚实施机关根据他们各自在违法活动中的作用、情节及危害后果，分别给予处罚并分别执行。

②对同一行为人同时实施了两个以上不同种类的违法行为，并应由同一处罚实施机关管辖的，处罚机关应对其多个违法行为分别处罚，然后合并执行。

③法人或其他组织等团体单位有违法行为的，根据法律规定，有些应对单位、单位的主管人员和直接责任人员分别处罚并分别执行。

（五）一事不再罚

一事不再罚具体运用到行政处罚中时，其表现为“对当事人的同一个违法行为，不得给予两次以上罚款的行政处罚”。

同一个违法行为是指同一行为主体基于同一事实和理由实施的一次性行为。在实践中，行为人同一个违法行为可能触犯一个法律规范，也可能触犯多个法律规范。在触犯多个法律规范，尤其是各个法律规范的执法主体不同的情况下，可能出现多头处罚的重复处罚情况，从而违反过错与处罚相适应的规则，加重了行为人的处罚负担，需要加以避免。

第三节　失火案和消防责任事故案的办理

一、管辖分工

根据《公安部刑事案件管辖分工规定》的规定，县级以上公安机关消防机构负责侦查危害公共安全罪中失火案和消防责任事故案。在具体案件的管辖中应当以犯罪地的公安机关消防机构管辖为主，犯罪嫌疑人居住地的公安机关消防机构管辖为辅；以最初受理的公安机关消防机构管辖为主，主要犯罪地的公安机关消防机构管辖为辅的管辖原则。上级公安机关消防机构认为有必要的，可以侦查下级公安机关消防机构的刑事案件，下级公安机关消防机构认为案情重大需要上级公安机关消防机构侦查时，可以请上一级公安机关消防机构管辖。

二、消防刑事案件的犯罪构成

（一）失火罪

失火罪，是指由于行为人的过失引起火灾，造成严重后果，危害公共安全的行为。按照《刑法》第一百一十五条第二款的规定，犯失火罪的，处3年以上7年以下有期徒刑；情节较轻的，处3年以下有期徒刑或者拘役。

1. 失火罪的犯罪构成

（1）犯罪客体

本罪侵犯的客体是公共安全。从实践来看，失火罪对公共安全的危害通常表现为危害重大公私财产的安全和危害不特定多数人的生命、健康两种情况。由于火灾发生的本质是在时间和空间上失去控制的燃烧，这种在一定时间内无法控制的燃烧很容易对不特定多数人的生命、健康，以及公私财产的安全造成危害，因此绝大多数火灾对公共安全造成了危害。

（2）犯罪的客观方面

本罪在客观方面表现为由于行为人的过失行为引起火灾，造成了严重后果，危害了公共安全。具体包括以下几方面的内容：一是行为人须有失火行为。这也就是说，行为人用火不当，引起公私财物的燃烧。二是失火行为须危害公共安全。这也就是说，失火行为具有危害不特定多数人的生命、健康或者重大财产安全的属性。三是失火行为必须造成了危害公共安全的严重后果，失火行为和严重后果之间存在因果关系。如果失火行为没有造成严重后果，就不构成失火罪。这里的“没有造成严重后果”，通常是指造成了一定后果，但不严重。例如，失火行为致人轻伤、财产损失较小或者较大但还不属于重大损失等。只有失火行为造成了严重后果，即致人重伤、死亡或者财产重大损失，且失火行为和严重后果两者存在引起和被引起的因果关系时，失火罪才能成立。

（3）犯罪主体

本罪的犯罪主体为一般主体。凡达到法定刑事责任年龄、具有刑事责任能力的自然人均可成为本罪的主体，单位不能成为本罪的主体。

（4）犯罪的主观方面

本罪在主观方面表现为过失。过失既可以是出于疏忽大意的过失，即行为人应当预见自己的行为可能引起火灾，因为疏忽大意而未预见，致使火灾发生，也可以是出于过于自信的过失，即行为人已经预见自己的行为可能引起火灾，但轻信火灾能够避免，结果发生了火灾。这里的“疏忽大意”“轻信能够避免”，是指行为人对火灾危害结果的心理态度，而不是对导致火灾的行为的心理态度。实践中，有的行为人对导致火灾的行为是明知故犯的，如明知在特定区域内禁止吸烟却置之不理等，但行为人对火灾危害结果既不希望，也不放任其发生，这种案件应定为失火罪。行为人对于火灾的发生，主观上具有犯罪的过失，是其负刑事责任的主观根据。如果查明火灾是由于不可抗拒或不能预见的原因，如雷击、地震等引起的，则属于意外事件，不涉及犯罪问题。所以，如果火灾是由于地震、火山爆发、雷击、天旱等原因引起的，不是人为原因造成的，则是自然灾害，当然不构成犯罪。

2. 失火罪的认定

（1）失火罪罪与非罪的区别

在认定某一失火行为是否构成失火罪时，除要按照失火罪的犯罪特征进行判断外，还应掌握以下认定方法。

第一，将失火罪与自然灾害引起的火灾加以区分。行为人主观上有过失是其负刑事责任的主观基础，如果查明造成严重后果的火灾是由于不能抗拒的自然灾害，如雷击、地震、火山喷发等引起的，与人的行为无关，则不存在犯罪问题。

第二，将失火罪与人为原因引起的火灾加以区分。在现实生活中，由人为原因引起的火灾，情况非常复杂。应根据行为人实施具体失火行为造成损害的程度、主观方面的心理态度等方面的情况，具体认定与人的行为有关的火灾是否构成失火罪。

（2）失火罪与放火罪的区别

失火罪与放火罪同属于危害公共安全的犯罪，两者的危害后果，即不特定的多数人的伤亡或重大公私财产的损失都是由火灾造成的，点火本身通常也都是故意的。但两者的区别也比较明显，主要表现在以下几个方面：一是客观方面的要求不同。对于失火罪来说，必须造成致人重伤、死亡或者使公私财产遭受重大损失的严重后果才能构成犯罪，是结果犯；放火罪并不以发生上述严重后果作为法定要件，只要实施足以危害公共安全的放火行为，放火罪即能成立，是行为犯。二是犯罪表现不同。失火罪是过失犯罪，以发生严重后果作为法定要件，不存在犯罪未遂情形；放火罪有预备、既遂、未遂和中止之分。

（3）失火罪与重大责任事故罪的区别

重大责任事故罪是指在生产、作业中违反有关安全管理的规定，因而发生重大伤亡事故或者造成其他严重后果的行为。失火罪与重大责任事故罪的区别主要在于：失火罪处罚的是日常生活中不注意用火安全而引发火灾的行为，一般与特定的注意义务无关。失火一般发生在日常生活中，如吸烟入睡，做饭不照看炉火，安装炉灶、烟囱不符合防火规则，在森林中乱烧荒不注意防火等，以致酿成火灾，造成重大损失的，构成失火罪。而重大责任事故罪则强调是发生在生产、作业过程中的火灾，这里所指的生产、作业过程既包括资源的开采活动、各种产品的加工和制作活动，也包括各类工程建设和商业、娱乐业以及其他服务业的经营活动。其主体范围包括直接从事生产、作业的人员，也包括在生产、作业中担负指挥、管理职责的人员。从犯罪构成要件来讲，修改后的重大责任事故罪犯罪主体范围扩大了，从“工厂、矿山、林场、建筑企业或者其他企业、事业单位”，扩大到能够“生产、作业的所有场所”，但不涉及生活领域。

3. 失火案立案追诉标准

过失引起火灾，涉嫌下列情形之一的，应予立案追诉。

（1）导致死亡1人以上，或者重伤3人以上的。

（2）造成公共财产或者他人财产直接经济损失50万元以上的。

（3）造成10户以上家庭的房屋以及其他基本生活资料烧毁的。

（4）造成森林火灾，过火有林地面积2公顷以上，或者过火疏林地、灌木林地、未成林地、苗圃地面积4公顷以上的。

（5）其他造成严重后果的情形。

（二）消防责任事故罪

消防责任事故罪，是指违反消防管理法规，经公安机关消防机构或者公安派出所通知采取改正措施而拒绝执行，造成严重后果的行为。按照《刑法》第一百三十九条的规定，犯消防责任事故罪的，处 3 年以下有期徒刑或者拘役；后果特别严重的，处 3 年以上 7 年以下有期徒刑。

1. 消防责任事故罪的犯罪构成

（1）犯罪客体

本罪侵犯的客体是公共安全。我国对消防工作实行严格的监督管理，专门制定了《消防法》《消防监督检查规定》等消防管理法规。公安机关消防机构、公安派出所发现火灾隐患，应及时通知被检查的单位和个人整改，被通知单位或个人应当采取有效措施，消除火灾隐患，并将整改的情况及时告诉公安机关消防机构或公安派出所。每个单位和公民都必须严格遵守消防管理法规，认真做好消防工作，及时消除火灾隐患。由于有些单位和公民漠视消防安全、片面追求经济效益，违反消防管理法规，经公安机关消防机构或者公安派出所通知采取改正措施而拒绝执行，因而发生火灾，造成严重后果，严重破坏了消防监督秩序，危害了公共安全，给国家、集体和人民群众带来了巨大损失。

（2）犯罪的客观方面

本罪的客观方面表现为违反消防管理法规，且经公安机关消防机构或者公安派出所通知采取改正措施而拒绝执行的行为。

（3）犯罪主体

本罪的犯罪主体为一般主体，即年满 16 周岁、具有刑事责任能力的自然人。

（4）犯罪的主观方面

本罪的主观方面表现为过失。这里所说的过失是指行为人对其所造成的危害后果的心理状态，既可以是疏忽大意的过失，也可以是过于自信的过失。行为人主观上虽然并不希望火灾事故发生，但就其违反消防管理法规，经公安机关消防机构或者公安派出所通知采取改正措施而拒绝执行而言，则是明知故犯的。行为人明知是违反了消防管理法规，但却未想到会因此而产生严重后果，或者轻信能够避免，以致发生了严重后果。

2. 消防责任事故罪的认定

(1) 消防责任事故罪与非罪的区别

在司法实践中，认定和处理消防责任事故案应注意审查以下几点：一是审查是否有违反消防管理法规的行为。消防管理法规对消防管理措施、要求等都作了具体规定，这些规定是公安机关消防机构和公安派出所对消防安全工作实施监督的基本依据，当然也是公安机关消防机构和公安派出所审查行为人是否违反消防管理法规的基本依据。只有违反消防管理法规的才能定罪，否则就不构成本罪。二是审查行为人是否接到了公安机关消防机构或者公安派出所要求采取改正措施的书面通知。这种书面通知不仅体现着公安机关消防机构和公安派出所的依法监督行为，而且也是认定行为人是否拒绝执行改正措施的主要证据材料。行为人接到了要求采取改正措施的通知，才可能构成本罪，否则不构成本罪。三是审查行为人是否对公安机关消防机构或者公安派出所要求采取改正措施的通知拒绝执行。拒绝执行才构成本罪；如果没有拒绝，相反却是立即认真执行，即使在执行中发生了火灾，也不构成本罪。四是审查拒不执行的行为是否造成了严重后果，只有造成了严重危害后果，才构成本罪。

(2) 消防责任事故罪与失火罪的区别

消防责任事故罪与失火罪，两者在事故形式上都表现为火灾，行为人对于火灾后果都表现为过失。但两者存在着以下区别：一是火灾事故发生的前因不同。消防责任事故罪中的火灾事故的前因是行为人违反消防管理法规，经公安机关消防机构或者公安派出所要求采取改正措施而拒不执行；而失火罪中的火灾事故的前因则是行为人在日常生产、生活中用火不慎造成的。二是主观方面的表现不同。消防责任事故罪的行为人对违反消防管理法规以及拒不执行公安机关消防机构或者公安派出所要求采取改正措施的通知，通常表现为明知故犯；而失火罪的行为人对火灾的发生直接表现为过失。

3. 消防责任事故案立案追诉标准

违反消防管理法规，经消防监督机构通知采取改正措施而拒绝执行，涉嫌下列情形之一的，应予立案追诉。

①造成死亡 1 人以上，或者重伤 3 人以上的。

②造成直接经济损失 50 万元以上的。

③造成森林火灾，过火有林地面积 2 公顷以上，或者过火疏林地、灌木林地、未成林地、苗圃地面积 4 公顷以上的。

④其他造成严重后果的情形。

上述“有林地”“疏林地”“灌木林地”“未成林地”“苗圃地”，按照国家林业主管部门的有关规定确定。

三、回避和律师参与制度

（一）回避制度

刑事侦查中的回避，是指公安机关负责人、侦查人员、记录人、翻译人员、鉴定人等人员，因与案件有法定的利害关系或者有其他特殊关系，可能影响案件的公正处理，而不得参与本案刑事侦查活动的一项诉讼制度。

1. 回避的事由

公安机关消防机构负责人、侦查人员有下列情形之一的，应当自行回避，当事人及其法定代理人也有权要求他们回避。

①是本案的当事人或者是当事人的近亲属的。

②本人或者他的近亲属和本案有利害关系的。

③担任过本案的证人、鉴定人、辩护人、诉讼代理人的。

④与本案当事人有其他关系，可能影响公正处理案件的。

2. 回避的程序

（1）回避的提出

①自行回避

在侦查过程中，承办消防刑事案件的公安机关消防机构负责人、侦查人员、记录人、翻译人员、鉴定人等与本案有法定或者特殊利害关系的人员，应当依照法律规定，向公安机关负责人口头或者书面提出自行回避的申请。自行回避可以书面提出，也可以口头提出，对于口头提出的申请应当记录在案。

②申请回避

在侦查办案中，案件的当事人及其法定代理人根据法律规定，对承办案件的公安机关消防机构负责人、侦查人员、记录人、翻译人员、鉴定人等与本案有法定或者特殊利害关系的人员，认为应当回避时，有权提出回避申请。

申请回避是法律赋予案件当事人的一种诉讼权利，当事人有权行使，公安机关消防机构有义务给予保障。申请回避，应当说明理由。口头提出申请的，公安机关消防机构应当记录在案。

③指定回避

公安机关消防机构负责人、侦查人员具有应当回避的情形之一，本人没有自行回避，当事人及其法定代理人也没有申请他们回避的，同级人民检察院检察委员会或者县级以上公安机关负责人知悉后，应当及时审查并决定他们回避。

（2）回避的决定

申请回避是当事人及其法定代理人的诉讼权利。在当事人或者其法定代理人提出回避申请之后，还需要经过公安机关依法审查，并作出是否准许回避的决定。具体而言，公安机关消防机构负责人、侦查人员的回避，由县级以上公安机关负责人决定；县级以上公安机关负责人的回避，由同级人民检察院检察委员会决定。鉴定人、记录人和翻译人员需要回避的，由县级以上公安机关负责人决定。

3. 回避的复议

当事人及其法定代理人对公安机关作出驳回申请回避的决定不服的，可以在收到《驳回申请回避决定书》后 5 日内向原决定机关申请复议一次。对当事人及其法定代理人对驳回申请回避的决定不服申请复议的，决定机关应当在 3 日以内作出复议决定，并书面通知申请人。

（二）律师参与刑事诉讼制度

律师参与刑事诉讼活动，有利于充分保障犯罪嫌疑人行使诉讼权利，维护其合法权益，有利于公安机关消防机构客观公正地处理案件，有利于推动侦查活动的顺利进行。

1. 律师参与刑事诉讼的时间

《刑事诉讼法》第三十三条和《公安机关办理刑事案件程序规定》第四十一条规定，公安机关在第一次讯问犯罪嫌疑人或者对犯罪嫌疑人采取强制措施的时候，应当告知犯罪嫌疑人有权委托律师作为辩护人，并告知其如果因经济困难或者其他原因没有委托辩护律师的，可以向法律援助机构申请法律援助。同时，告知的情形应当记录在案。

2. 辩护律师的委托

根据《公安机关办理刑事案件程序规定》第四十二条、第四十三条的规定，犯罪嫌疑人可以自己委托辩护律师。在押的犯罪嫌疑人要求委托辩护人的，公安机关消防机构应当及时转达其要求，由其监护人、近亲属代为委托辩护人。犯罪嫌疑人无监护人或者近亲属的，公安机关消防机构应当及时通知当地律师协会或者司法行政机关为其推荐辩护律师。

3. 律师在侦查阶段的权利

根据《刑事诉讼法》第三十六条、第三十七条、第三十九条、第四十一条的规定，辩护律师在侦查阶段依法可以从事下列活动。

①为犯罪嫌疑人提供法律帮助，主要包括帮助犯罪嫌疑人了解有关法律规定，解释有关法律问题，说明有关刑事政策和法律责任，告知其应有的诉讼权利，帮助其提出申诉等。

②代理申诉、控告，主要是指代替犯罪嫌疑人就其合法权利被公安机关或者侦查人员侵犯向有关部门进行申诉或者控告。其中，《刑事诉讼法》第一百一十五条规定了当事人可以申诉的事项。

③申请变更强制措施，主要是指辩护律师发现对犯罪嫌疑人采取强制措施不当的，如患有严重疾病、生活不能处理，怀孕或者正在哺乳自己婴儿的妇女，采取取保候审不致发生社会危险性，不适宜对其拘留、逮捕的，可以提出申请，要求变更强制措施的种类。

④向公安机关了解犯罪嫌疑人涉嫌的罪名和案件有关情况，提出意见。律师为犯罪嫌疑人提供辩护的前提是了解其涉嫌的罪名，公安机关应当在犯罪嫌疑人聘请律师后及时告知。律师可以根据获悉的案件情况、掌握的事实和证据及有关法律规定，向公安机关提出自己的意见，如不构成犯罪、犯罪情节较轻、有减轻或者免除处罚情节等，公安机关应当认真听取并记录在案。

⑤会见权、通信权。辩护律师可以同在押的犯罪嫌疑人会见和通信。辩护律师持律师执业证书、律师事务所证明和委托书或者法律援助公函要求会见在押的犯罪嫌疑人的，看守所应当及时安排会见，至迟不得超过48h。危害国家安全犯罪、恐怖活动犯罪、特别重大贿赂犯罪案件，在侦查期间辩护律师会见在押的犯罪嫌疑人，应当经公安机关许可。上述案件，公安机关应当事先通知看守所。辩护律师会见在押的犯罪嫌疑人，可以了解案件有关情况，

提供法律咨询等，会见犯罪嫌疑人时不被监听。

辩护律师同被监视居住的犯罪嫌疑人会见、通信，除不必持律师执业证书、律师事务所证明和委托书或者法律援助公函外．其他程序规定与会见在押的犯罪嫌疑人相同。

⑥申请调取证据权。辩护人认为在侦查期间公安机关收集的证明犯罪嫌疑人无罪或者罪轻的证据材料未提交的，有权申请人民检察院、人民法院调取。

⑦收集证据权。辩护律师在收集程序上分为两种形式：一种是辩护律师经证人或者其他有关单位和个人同意，向他们收集与本案有关的材料。在这种情况下，辩护律师是收集证据的主体。另一种则是申请人民检察院、人民法院收集、调取证据，或者申请人民法院通知证人出庭作证，这种情形则不需要证人或者其他有关单位和个人同意。辩护律师也可以向被害人、被害人近亲属、被害人提供的证人收集证据，但必须受以下两方面条件的限制：一是要经人民检察院或者人民法院的许可，即在审查起诉阶段应经人民检察院的许可，在审判阶段要经人民法院的许可；二是必须经被害人、被害人近亲属、被害人提供的证人同意。

四、消防刑事案件办理程序

（一）受案

受案是指公安机关消防机构对群众举报、受害人控告、犯罪嫌疑人自首和公安机关其他部门移送的立案材料的接受。对于举报、控告、自首的，公安机关消防机构都应当立即接受，问明情况，并制作笔录，经宣读无误后，由举报人、控告人、犯罪嫌疑人签名或者盖章。必要时，可以同时录音。

公安机关消防机构对于接受的案件，或者自己发现的犯罪线索等案件材料，按照管辖和立案条件的规定进行鉴别和判断。明确其是否属于本部门管辖的范围和是否存在犯罪事实并应当追究刑事责任。公安机关消防机构对于接受的案件材料、在火灾事故调查中直接发现和获得的材料，应当立即进行审查。

（二）立案

1．决定立案

公安机关消防机构经审查，具备下列情形之一的，应当制作《呈请立案报告书》，经县级以上公安机关负责人批准后立案侦查。

①经审查达到失火案、消防责任事故案的立案标准的。

②人民检察院通知公安机关立案的。

③上级公安机关指定立案的。

④其他依法应当立案的。

2. 决定不予立案

公安机关消防机构经过审查，具备下列情形之一的，报公安机关不予立案。

①没有失火案和消防责任事故案犯罪事实。

②犯罪事实显著轻微不需要追究刑事责任。

③具有其他依法不追究刑事责任情形的。

不予立案的应当制作《呈请不予立案报告书》，经县级以上公安机关负责人批准后不予立案。对于有控告人的案件，决定不予立案的，应当制作《不予立案通知书》，在3日以内送达控告人。控告人对不立案决定不服的，可以在收到《不予立案通知书》后7日以内向作出决定的公安机关申请复议。公安机关应当在收到复议申请后7日以内作出决定，并书面通知控告人。

对于人民检察院要求说明不立案理由的案件，公安机关应当在收到通知书后7日以内，对不立案的情况、依据和理由作出书面说明，回复人民检察院。人民检察院通知公安机关立案的，公安机关应当在收到通知书后15日以内立案，并将《立案决定书》复印件送达人民检察院。

3. 移送

公安机关消防机构经立案侦查，认为有犯罪事实需要追究刑事责任，但不属于自己管辖的案件，应当移送有管辖权的机关处理。

公安机关消防机构应当在24h内制作《呈请移送案件报告书》，经县级以上公安机关负责人批准，签发《移送案件通知书》，移送有管辖权的机关处理，并在移送案件后3日以内书面通知犯罪嫌疑人家属。

移送案件时，与案件有关的财物及其孳息、文件应当随案移交。

（三）侦查

1. 讯问犯罪嫌疑人

讯问的对象只能是犯罪嫌疑人。讯问时，侦查人员不得少于两人。严禁刑讯逼供或者使用威胁、引诱、欺骗以及其他非法的方法获取供述。讯问同案的犯罪嫌疑人，应当个别进行。讯问未成年的犯罪嫌疑人，除有碍侦查或无法通知的情形外，应当通知其家属、监护人或者教师到场。讯问可以在公安机关进行也可以到未成年人的住所、单位、学校或者其他适当的地点进行。讯问聋、哑犯罪嫌疑人，应当有通晓聋、哑手势的人参加，并在讯问笔录上注明犯罪嫌疑人的聋、哑情况，翻译人员的姓名、工作单位和职业。讯问不通晓当地语言文字的犯罪嫌疑人．应当配备翻译人员。

讯问犯罪嫌疑人时应制订讯问计划、提纲，包括讯问的目的和要求，需查明的犯罪事实，讯问的步骤、重点、采取的策略和方法，调查取证的要求和讯问与调查的安排等。讯问内容包括犯罪嫌疑人基本情况、案件事实。讯问犯罪嫌疑人应当制作“讯问笔录”。侦查人员应当将问话和犯罪嫌疑人的供述、辩解，对讯问人出示、使用证据的过程，犯罪嫌疑人的态度、表情如实地记录清楚。

2．询问证人、受害人

火灾受害人是指由于火灾的发生，在经济上、生理上遭受损失和创伤的人。火灾证人是指居住或工作在火灾现场，了解现场情况，见证火灾起火，蔓延过程的人，一般包括最先发现火灾和报警的人、最后离开起火部位或在场的人、熟悉起火部位周围情况及生产工艺过程的人、最先到达火场救火的人、值班人员等。

通过询问要确定发现和发生火灾的时间、经过、损失、起火部位（起火点）、起火原因以及有关人员在火灾发生过程的主客观过错等。询问的内容包括以下几个方面：起火前的现场情况；发现起火的时间、报警时间、接警时间、发现起火的过程，火势蔓延的情况和扑救初起火灾的情况；火灾发生前后的异常情况；最先冒烟、出现明火的部位及火势最先突破部位。对证人和受害人询问的，应当制作“询问笔录”。

3．勘验与检查

县级以上公安机关消防机构对火灾现场应当依照《火灾事故调查规定》和有关工作规则进行现场勘验。火灾现场发现尸体的，应当通知法医参加，进行尸体勘验。尸体勘验的主要任务是确定死亡原因、死亡方式、推断死亡时间，鉴定识别死者身份。

为了确定被害人、犯罪嫌疑人的某些特征、火灾造成的伤害情况或者生理状态，可以依法对人身进行检查。检查的情况应当制作笔录，由参加检查的侦查人员、检查员、见证人签名或者盖章。

4. 鉴定

为了查明案情，解决案件中某些专门性问题，应当指派或聘请具有鉴定资格的人进行鉴定。

（1）人身伤害医学鉴定

为了查明人身伤害的严重程度以及引起伤害的原因，应当依法委托有鉴定资格的机构对人身伤害进行医学鉴定。

（2）精神病医学鉴定

为了查明犯罪嫌疑人、证人或者被害人是否能辨认和控制自己的行为，是否具有刑事责任能力，应当依法委托省级设立的司法鉴定委员会或由省级人民政府指定的医院进行精神病医学鉴定。

（3）价格鉴定

为了查明火灾损失，确定是否达到刑事案件追诉标准，应当依法委托价格主管部门设立的具有法定资质的涉案物品价格鉴定机构进行价格鉴定。

（4）电子数据鉴定

电子数据鉴定应当委托公安机关公共信息网络安全监察部门根据法律规定对火灾自动报警系统、城市消防远程监控系统及其他涉案电子数据进行鉴定。

（5）其他鉴定

在具体办理案件时，为解决案件中的专门性问题，可以根据需要，委托具有法定资格的鉴定机构和鉴定人，依法对有关的生物检材、痕迹、物品、文件以及视听资料等，运用专业知识、仪器设备和技术方法进行鉴定。

5. 搜查

为收集证据、查获犯罪人，经县级以上公安机关负责人批准并开具《搜查证》，公安机关消防机构的侦查人员可以对犯罪嫌疑人以及可能隐藏罪犯或者案件证据的人身、物品、住处和其他有关的地方进行搜查。执行搜查的侦查人员不得少于两人并出示《搜查证》，令其签字，执行拘留、逮捕时，遇有法定紧急情况的，不用《搜查证》也可以进行搜查。并对被搜查人或者其家属说明阻碍搜查、妨碍公务应负的法律责任。如果遇到阻碍，可以强制搜查。

搜查时应当有被搜查人或者其家属、邻居或其他见证人在场。搜查妇女的身体，应当由女侦查人员进行。对搜查中查获的犯罪证据，应当场拍照后予以扣押，必要时，可以对搜查过程录像。

搜查的情况应当制作“搜查笔录”，侦查人员和被搜查人或者其家属、邻居或者其他见证人应当在“搜查笔录”上签名或者盖章；如果被搜查人或者其家属不在现场，或者拒绝签名、盖章的，侦查人员应当在笔录上注明。

6. 扣押

在勘验、搜查中发现的可以证明犯罪嫌疑人有罪或者无罪的各种物品、文件，应当扣押。在扣押过程中要符合扣押的相关要求。

7. 强制措施

为确保侦查工作顺利进行，公安机关消防机构可以依法采取拘传、拘留、逮捕、取保候审和监视居住等强制措施。

（1）拘传

有证据证明有犯罪嫌疑的或者经过传唤没有正当理由不到案的，可以对犯罪嫌疑人进行拘传。需要拘传犯罪嫌疑人的应报县级以上公安机关负责人批准，签发《拘传证》。由两名以上侦查人员进行，侦查人员应当向犯罪嫌疑人出示《拘传证》，并责令其在《拘传证》上签名（盖章）、捺指印。对拒绝拘传的，侦查人员可以强制其到案。在《拘传证》上填写到案时间和讯问结束时间。

拘传持续的时间不得超过12h，不得以连续拘传的形式变相拘禁犯罪嫌疑人。对于犯罪嫌疑人拒绝在《拘传证》上填写到案时间和讯问结束时间的，应当进行说服教育，尽量使其如实填写，以备发生争议。需要对被拘传人变更为其他强制措施的，应当在拘传期间作出批准或者不批准的决定；对于不批准的，应当立即结束拘传。

（2）拘留

对于现行犯或者重大嫌疑分子，有下列情形之一的，可以先行拘留。

①正在预备犯罪、实行犯罪或者在犯罪后即时被发觉的。

②被害人或者在场亲眼看见的人指认他犯罪的。

③在身边或者住处发现有犯罪证据的。

④犯罪后企图自杀、逃跑或者在逃的。

⑤有毁灭、伪造证据或者串供可能的。

⑥不讲真实姓名、住址，身份不明的。

⑦有流窜作案、多次作案、结伙作案、有重大嫌疑的。

拘留犯罪嫌疑人，应当经县级以上公安机关负责人批准，签发《拘留证》。由两个侦查人员执行并出示《拘留证》，宣布拘留决定，告知犯罪嫌疑人决定机关、法定羁押起止时间以及羁押处所，立即将其送看守所羁押。责令被拘留人在《拘留证》上写明宣布拘留的时间，并签名（盖章）、捺指印。如果被拘留人拒绝签名（盖章）、捺指印的，侦查人员应当注明。

拘留后，应当在24h内将《拘留通知书》送达被拘留人家属或者单位。犯罪嫌疑人家属或单位在外地的，《拘留通知书》要在24h内交邮，并将邮件回执附卷，不得以口头通知代替书面通知。对于有同案的犯罪嫌疑人可能逃跑、隐匿、毁弃或者伪造证据的；不讲真实姓名、住址，身份不明的；其他有碍侦查或者无法通知等情形的，经县级以上公安机关负责人批准，可以不予通知，并在《拘留通知书》中注明原因。不予通知的情形消除后，应当立即通知被拘留人的家属或者他的所在单位。

对于被拘留的犯罪嫌疑人，应当在拘留后24h内进行讯问。发现不应当拘留时，报县级以上公安机关负责人批准，签发《释放通知书》，看守所凭《释放通知书》发给被拘留人《释放证明书》，将其立即释放。对于符合逮捕条件的，提请批准逮捕。应当追究刑事责任，但不需要逮捕的，变更为取保候审或监视居住，侦查终结后，直接向人民检察院移送起诉。尚未获取足够证据，未达到逮捕条件的，变更为取保候审或者监视居住，继续侦查。

（3）逮捕

对有证据证明有犯罪事实，可能判处有期徒刑以上刑罚的犯罪嫌疑人，采取取保候审、监视居住等方法，尚不足以防止发生社会危险性，而有逮捕必要的，经报县级以上公安机关负责人批准，制作《提请批准逮捕书》一式三份，连同案卷材料、证据，一并移送同级人民检察院审查。由人民检察院决定逮捕并作《批准逮捕决定书》，填发《逮捕证》，由两名侦查人员执行逮捕。

执行逮捕后，应将执行逮捕情况填写回执，加盖公安机关印章，及时送达作出批准逮捕的人民检察院。如果未能执行，也应当写明未能执行的原因，将回执送达人民检察院。逮捕后，必须在24h内对犯罪嫌疑人进行讯问，发现不应当逮捕的，经报县级以上公安机关负责人批准，制作《释放通知书》，通知看守所立即释放，并将释放理由书面通知原批准逮捕的人民检察院。

逮捕后，应当在24h内将《逮捕通知书》送达被逮捕人家属或单位。犯罪嫌疑人家属或单位在外地的，侦查人员应当在24h内将通知书交邮，并将邮件回执附卷，不得以口头或电话通知代替书面通知。对于同案的犯罪嫌疑人可能逃跑，隐匿、毁弃或者伪造证据；不讲真实姓名、住址、身份不明的；其他有碍侦查或者无法通知等情形的，报县级以上公安机关负责人批准，可以不予通知，并在《逮捕通知书》上注明原因。不予通知的情形消除后，应当立即通知被逮捕人的家属或者他的所在单位。

对于人民检察院决定不批准逮捕的，依照不同情形分别处理。

①如果犯罪嫌疑人已被拘留，公安机关在收到《不批准逮捕决定书》后，应当立即制作《释放通知书》通知看守所，并将执行回执在3日内送达作出不批准逮捕决定的人民检察院。

②对人民检察院不批准逮捕并通知补充侦查的，补充侦查后认为符合逮捕条件的，应当重新提请批准逮捕。对于人民检察院不批准逮捕且没有要求补充侦查的，必须无条件释放犯罪嫌疑人。

③对人民检察院不批准逮捕而未说明理由的，公安机关可以要求人民检察院说明理由。

④对人民检察院不批准逮捕的决定，认为有错误需要复议的，应当在5日内制作《呈请复议报告书》，报县级以上公安机关负责人批准，制作《要求复议意见书》，送交同级人民检察院复议。如果意见不被接受，需要复核的，应当在5日内制作《呈请复核报告书》，报县级以上公安机关负责人批准后，制作《提请复核意见书》，连同人民检察院的《复议决定书》，一并提请上一级人民检察院复核。在要求复议和提请复核期间，办案部门补充的证据不能作为复议、复核的依据。

（4）取保候审

取保候审，是指公安机关消防机构为了防止犯罪嫌疑人逃避侦查，责令犯罪嫌疑人提出保证人或者交纳保证金，以保证人或者保证金形式担保其不逃避或者不妨碍侦查，并且随传随到的一种强制措施。取保候审最长不得超过12个月。

第一，对具有下列情形之一的犯罪嫌疑人，可以取保候审。

①可能判处管制、拘役或者独立适用附加刑的。

②可能判处有期徒刑以上刑罚，采取取保候审，不致发生社会危险性的。

③应当逮捕的犯罪嫌疑人患有严重疾病，或者是正在怀孕、哺乳自己未满1周岁的婴儿的妇女。

④对拘留的犯罪嫌疑人，证据不符合逮捕条件的。

⑤提请逮捕后，检察机关不批准逮捕，需要复议、复核的。

⑥犯罪嫌疑人被羁押的案件，不能在法定期限内办结，需要继续侦查的。

⑦移送起诉后，检察机关决定不起诉，需要复议、复核的。

第二，具有下列情形之一的，一般不得取保候审。

①对累犯、犯罪集团的主犯。

②以自伤、自残办法逃避侦查的犯罪嫌疑人。

③危害国家安全的犯罪、暴力犯罪以及其他严重犯罪的。

④在取保候审期间又犯罪的。

取保候审由被逮捕的犯罪嫌疑人及其法定代理人、近亲属、律师提出书面申请。侦查人员审查并提出意见，报县级以上公安机关负责人批准，在7日内对申请人作出答复。不同意取保候审的，制作《不同意取保候审通知书》，通知申请人，并说明理由。同意取保候审的，凭《取保候审决定书》填写《释放通知书》，释放犯罪嫌疑人。

取保候审有两种执行方式：一是保证人担保；二是保证金担保。保证人担保，是指保证人以自己的人格和信誉担保犯罪嫌疑人在取保候审期间遵守相关的法律规定。保证金担保，是指犯罪嫌疑人交纳一定数额的现金作担保，来保证其在取保候审期间遵守相关的法律规定。保证金担保的特点是，将担保犯罪嫌疑人顺利进行刑事诉讼与一定的经济利益结合起来，从经济上约束犯罪嫌疑人，使其自觉地履行义务。

保证人应当同时具备：①与本案无牵连；②有能力履行保证义务；③享有政治权利，人身自由未受到限制；④有固定的住处和收入。在取保候审期间，保证人应做到监督被保证人遵守《刑事诉讼法》关于取保候审的规定；发现被保证人可能发生或者已经发生违反《刑事诉讼法》有关取保候审规定的行为时，应当及时向执行机关报告。保证人未履行保证义务的，经县级以上公安机关负责人批准，对保证人处 1 000 元以上 2 万元以下罚款；构成犯罪的，依法追究刑事责任。

保证金起点数额为人民币 1 000 元。保证金的数额，应当起到对犯罪嫌疑人的约束作用，能够保证诉讼活动的正常进行。要考虑案件的情节、性质、可能判处刑罚的轻重，被取保候审人的经济状况等因素。

公安机关消防机构不能直接收取保证金。确定取保候审保证金数额后，提供保证金的人应当将保证金存入县级以上公安机关指定银行的取保候审保证金专门账户，由银行负责保证金的收取和保管。

犯罪嫌疑人在取保候审期间未违反《刑事诉讼法》第六十九条规定的，在解除取保候审、变更强制措施的同时，公安机关消防机构应当制作《退还保证金决定书》，通知银行如数退还保证金。在取保候审期间违反《刑事诉讼法》第六十九条规定的，公安机关消防机构应当经过严格审核后，报县级以上公安机关负责人批准，没收部分或者全部保证金，并且区别情形，责令其具结悔过、重新交纳保证金、提出保证人，变更强制措施或者给予治安管理处罚；需要予以逮捕的，可以对其先行拘留。决定没收 5 万元以上保证金的，应当经设区的市一级以上公安机关负责人批准。

取保候审最长不得超过 12 个月。具有下列情形之一的，应当解除取保候审。

①撤销案件的。

②取保候审期限届满的。

③保证人要求撤回保证或者不能履行义务变更为监视居住的。

④作其他处理的。

（5）监视居住

监视居住，是指公安机关消防机构为保证刑事侦查活动的顺利进行，依法通过限制犯罪嫌疑人的活动区域和住所，并监视其行动以防止其逃避侦查、起诉和审判的一种强制措施。监视居住最长不得超过 6 个月。

第一，经县级以上公安机关负责人批准，对具有下列情形之一的犯罪嫌疑人，可以监视居住。

①可能判处管制、拘役或者独立适用附加刑的。

②可能判处有期徒刑以上刑罚，采取监视居住，不致发生社会危险性的。

③应当逮捕的犯罪嫌疑人患有严重疾病，或者是正在怀孕、哺乳自己未满1周岁的婴儿的妇女。

④对拘留的犯罪嫌疑人，证据不符合逮捕条件的。

⑤提请逮捕后，检察机关不批准逮捕，需要复议、复核的。

⑥犯罪嫌疑人被羁押的案件，不能在法定期限内办结，需要继续侦查的。

⑦移送起诉后，检察机关决定不起诉，需要复议、复核的。

第二，监视居住应当在犯罪嫌疑人的固定住处执行。无固定住处的，应当在办案机关所在地指定居所进行。被监视居住期间，公安机关根据案情需要，可以暂扣其身份证件、机动车（船）驾驶证件，被监视居住的犯罪嫌疑人还应遵守下列规定。

①未经执行机关批准不得离开住处，无固定住处的，未经批准不得离开指定的居所。

②未经执行机关批准不得会见共同居住人及其聘请的律师以外的其他人。

③在传讯的时候及时到案。

④不得以任何形式干扰证人作证。

⑤不得毁灭、伪造证据或者串供。

第三，被监视居住的犯罪嫌疑人，违反应当遵守的规定，有下列情形之一的，应当提请批准逮捕。

①在监视居住期间逃跑的。

②以暴力、威胁方法干扰证人作证的。

③毁灭、伪造证据或者串供的。

④在监视居住期间又进行犯罪活动的。

⑤实施其他违反应遵守规定的行为，情节严重的。

（6）适用强制措施的特殊规定

①对人大代表采取的强制措施

对县级以上的各级人民代表大会代表采取拘传、取保候审、监视居住、拘留或者提请批准逮捕的，应当书面报请本级人民代表大会主席团或者人民代表大会常务委员会许可。

对现行犯或者重大嫌疑分子先行拘留时，发现其是县级以上人民代表大会代表的，应当立即向其所属的人民代表大会主席团或者人民代表大会常务委员会报告。

在执行拘传、取保候审、监视居住，拘留或者逮捕中，发现被执行人是县级以上人民代表大会代表的，应当暂缓执行，并报告原决定或批准机关。如果在执行后发现被执行人是县级以上人民代表大会代表的，应当立即解除，并报告原决定或者批准的机关。

对乡、民族乡、镇的人民代表大会的人民代表采取拘传、取保候审、监视居住、拘留或者逮捕的，应当在执行后立即报告其所属的乡、民族乡、镇的人民代表大会。

②对政协委员采取的强制措施

对政治协商委员会委员采取拘传、取保候审、监视居住的，应当将有关情况通报给该委员所属的政协组织。

对政治协商委员会委员执行拘留、逮捕前，应当向其所属的政协组织通报情况。情况紧急的，可以在执行的同时或者执行以后及时通报。

③对香港、澳门居民采取强制措施

对香港、澳门居民采取强制措施者要将公安机关管辖的案件按照《内地公安机关与香港警方建立相互通报机制安排》《内地公安机关与澳门特别行政区政府保安司关于建立相互通报机制的安排》等文件办理双方的通报。

内地公安机关向香港、澳门相关通报单位通报对其居民采取刑事强制措施的情况。各省、自治区、直辖市公安厅、局必须在香港（澳门）居民在内地被采取刑事强制措施之后 48h 内将情况报部有关业务局。

④对外国人采取强制措施

需要对外国人采取拘留、监视居住、取保候审的，应当由地（市）级以上公安机关负责人批准，并将有关案情、处理情况等于采取强制措施的 48h 以内报告省级公安机关，同时通报同级人民政府外事办公室。

需要对涉及国家安全的案件或者涉及国与国之间外交关系的案件以及其他重大、复杂案件中的外国人采取拘留、监视居住、取保候审的，应当由省级公安机关负责人批准，并将有关案情、处理情况等于采取强制措施的 48h 以内报告公安部，同时通报同级人民政府外事办公室。有关省、自治区、直辖市公安机关应当在规定的期限内通知该外国人所属国家的驻华使馆、领事馆，同时报告公安部。

（7）侦查羁押期限

一般情况下对犯罪嫌疑人逮捕后的侦查羁押期限不得超过 2 个月。案情复杂、期限届满不能终结的案件，公安机关需要延长羁押期限时，经县级以上公安机关负责人批准后，在期限届满 7 日前送请同级人民检察院转报上一级人民检察院批准延长一个月。上级人民检察院应于期限届满前作出批准或不批准的决定。延长侦查羁押期限的，在作出决定后的 2 日以内将法律文书送达看守所，并向犯罪嫌疑人宣布。不批准延长羁押期限的，必须在规定羁押期限届满前，经县级以上公安机关负责人批准，开具《释放通知书》，通知羁押的看守所释放犯罪嫌疑人，同时根据情况变更为取保候审或监视居住。

逮捕后的侦查羁押期限以月计算，自对犯罪嫌疑人执行逮捕之日起至下一个月的对应日止为一个月；没有对应日的，以该月的最后一日为截止日。对犯罪嫌疑人作精神病鉴定的期间不计入羁押期限。在侦查期间，发现犯罪嫌疑人另有重要罪行的，重新计算羁押期限。同时，制作《重新计算侦查羁押期限通知书》，送达看守所，向犯罪嫌疑人宣布，并报原批准逮捕的人民检察院备案。

对犯罪嫌疑人不讲真实姓名、住址，身份不明的，侦查羁押期限自查清其身份之日起计算。

（8）证据的收集与审查

公安机关消防机构在侦查失火案和消防责任事故案工作中，应当依照《中华人民共和国刑事诉讼法》的规定收集证据，重点收集火灾现场的物证，现场知情者的证言，起火单位的书证、物证和证人证言，消防监督部门的书证，专业机构出具的鉴定、检验结论和证明案件事实的其他证据。具体范围包括：犯罪事实是否存在的证据；证明犯罪构成要件诸项事实的证据；证明犯罪嫌疑人的个人情况和犯罪后表现的证据；证明犯罪嫌疑人有无依法应当从重、从轻、减轻处罚以及免除处罚的事实情节的证据。

公安机关消防机构在侦查失火案和消防责任事故案工作中收集到的证据应当进行审查判断，对单个证据进行审查，审查其是否符合客观性、真实性、合法性的要求；对证明案件同一事实或情节的证据进行审查，审查其是否能够证明案件中同一事实或情节的真实性；对全案证据进行审查，案件中每个事实、情节是否都有证据证明，证据之间是否一致，能否形成证据体系。

（四）侦查终结

失火案、消防责任事故案破案后，对案件事实清楚、证据确实充分，犯罪嫌疑人所实施的犯罪行为具备犯罪构成全部要件，法律手续完备的，应当办理侦查终结手续。侦查终结的案件，应当追究刑事责任的，移送起诉；不应当追究刑事责任的，撤销案件。

1. 侦查终结

当失火案、消防责任事故案的侦查案件事实清楚，证据确实充分，案件性质和罪名认定准确，法律手续完备时案件侦查终结。

侦查终结的案件应当制作《呈请侦查终结报告书》（结案报告），经办案单位领导同意后，将《呈请侦查终结报告书》连同案卷材料一并报送县级以上公安机关负责人审批。重大、复杂、疑难的案件决定侦查终结的，应当经过集体讨论决定。侦查终结的案件，应当追究刑事责任的，移送起诉；不应当追究刑事责任的，撤销案件。

2. 移送起诉

对符合移送起诉条件的案件，应当制作《起诉意见书》，经县级以上公安机关负责人批准后，连同案卷材料、证据，一并移送同级人民检察院审查决定。同时将案件移送情况告知犯罪嫌疑人及其辩护律师。

向人民法院移交案件时，只移送诉讼卷，侦查卷由公安机关存档备查。《起诉意见书》按照规定移送同级人民检察院以后，应当存侦查工作卷一份。共同犯罪案件的起诉意见书，应当写明每个犯罪嫌疑人在共同犯罪中的地位、作用、具体罪责和认罪态度，并分别提出处理意见。犯罪嫌疑人有从轻、减轻或从重处罚情节的，应在诉讼卷内附上有关材料。被害人提出附带民事诉讼的，应当记录在案，移送审查起诉时在起诉意见书中注明。

3. 对决定不起诉的复议

对于人民检察院决定不起诉的案件，侦查人员认为其决定确有错误的，经县级以上公安机关负责人批准后，移送同级人民检察院复议。在接到人民检察院不起诉决定书之日起 7 日内制作《要求复议意见书》，写明要求复议案件的简要情况、复议的理由和法律依据及其要求。人民检察院改变原决定的，在接到人民检察院复议决定后，应将复议决定书装订入侦查工作卷备查。对人民检察院决定不起诉而提出复议的案件，犯罪嫌疑人在押的，应当立即释放。

公安机关要求复议，人民检察院维持原来的决定，公安机关认为检察院的决定有错误，经县级以上公安机关负责人批准后，提请上一级人民检察院复核。在7日内制作《提请复核意见书》，写明提请复核的理由和意见以及法律根据和请求。对检察机关的复核决定，侦查人员应当存入侦查工作卷备查。

4. 补充侦查

移送人民检察院审查起诉的案件，人民检察院退回公安机关补充侦查的，侦查人员应当在一个月内补充侦查完毕。补充侦查以两次为限。

对于补充侦查的案件，应当按照人民检察院补充侦查意见补充证据。补充证据后，应当写出《补充侦查报告书》，经县级以上公安机关负责人批准后，连同补充的材料及原诉讼的案卷移送人民检察院。《补充侦查报告书》主要应写明补充侦查结果、所附案卷的册数，补充证据材料的页数及随案移送的物证等。补充侦查证据较多时，可以另行装订成卷。对无法补充的证据应当作出说明。

公安机关在补充侦查过程中，发现新的同案犯或者新的罪行，需要追究刑事责任的，应当重新制作《起诉意见书》；发现原认定的犯罪事实有重大变化，不应当追究犯罪嫌疑人的刑事责任的，应当重新提出处理意见，并将处理结果通知退查的检察院，不需要制作《补充侦查报告书》。

公安机关认为原认定的犯罪事实清楚，证据确实充分，人民检察院退回补充侦查不当的，不需要制作《补充侦查报告书》，而应当说明理由，移送人民检察院审查。

5. 撤销案件

在案件侦查中具有下列情形之一的，应当报县级以上公安机关负责人批准后撤销案件并制作《撤销案件决定书》。

①立案后经侦查证实没有犯罪事实的。

②情节显著轻微，危害不大，不认为是犯罪的。

③犯罪已过追诉时效期限的。

④经特赦令免除刑罚的。

⑤犯罪嫌疑人死亡的。

⑥其他法律规定不追究刑事责任的。

决定撤销案件的，应当告知控告人、被害人或者其近亲属、法定代理人。《撤销案件决定书》（副本）应当送达犯罪嫌疑人或其家属。撤销案件时，犯罪嫌疑人已被逮捕的应当立即释放，发给释放证明，并将释放的原因在释放后3日内通知原作出批准逮捕决定的人民检察院；犯罪嫌疑人被取保候审或监视居住的，也应当经县级以上公安机关负责人批准后撤销；对于不够刑事处罚的犯罪嫌疑人，但需要予以行政处罚或转交其他部门处理的，应当依法给予相应的行政处理或转交其他部门处理。

第四节　火灾事故调查报告与调查档案

火灾事故调查报告是负责调查火灾的公安机关消防机构向上级公安机关消防机构或政府领导汇报火灾和火灾事故调查情况的材料。根据《火灾事故调查规定》的规定，对较大以上的火灾事故或者特殊的火灾事故，公安机关消防机构应当开展消防技术调查，形成消防技术调查报告，逐级上报至省级人民政府公安机关消防机构，重大以上的火灾事故调查报告报公安部消防局备案。

一、火灾事故调查报告的内容

火灾事故调查报告是对火灾事故调查工作的全面总结，是上级领导掌握火灾情况的主要信息来源，是领导进行决策的依据，可以为消防专项整顿、加强防灭火工作提供依据，是向社会进行消防宣传的基础材料。调查报告应当包括下列内容：

（一）标题

火灾事故调查报告的题目应该简明扼要，能够反映出发生火灾的日期或单位以及损失大小，如“关于3·5特大火灾的调查报告”。

（二）正文

1．起火场所概况

起火场所概况包括起火单位的名称、位置、成立时间、产权情况，建筑结构，消防设施，消防安全状况，起火场所周围情况等。

2．起火经过和火灾扑救情况

起火经过及扑救情况包括发现火灾的人员及时间、报警人及时间、出动警力及人员扑救火灾情况、调查组的组成及扑救情况。

3. 火灾造成的人员伤亡、直接经济损失统计情况

火灾造成的人员伤亡、直接经济损失统计情况包括死、伤人员及直接财产损失。

4. 起火原因和灾害成因分析

起火原因的认定包括起火时间的认定、起火部位的认定、起火点的认定、起火原因的认定。

灾害成因的分析应当围绕火灾现场显现的火势发展、蔓延途径和造成人员伤亡、财产损失的情况，根据火灾实际，从火灾控制和火灾扑救方面进行分析。

5. 防范措施

针对起火原因和灾害成因，归纳总结此次火灾暴露出来的安全隐患和各方面的问题、主要教训和下一步消防整顿工作的重点。

（三）结尾

写明制作火灾事故调查报告单位的名称和制作日期。

二、制作火灾事故调查报告应注意的问题

①根据法律法规要求，火灾事故调查结束后，就应尽快地写出调查报告。

②报告内容应实事求是，数据要准确无误。报告层次要清晰，语言表达要准确。

③要深入调查研究，应特别重视掌握第一手资料，大量地、详细地收集材料。要认真研究分析，找出带规律性、代表性的东西，分清主次，突出重点。

④报告中所涉及的人应写明他们的姓名、工作单位和身份。

三、火灾事故调查案卷

火灾事故调查档案分为火灾事故简易调查卷、火灾事故调查卷和火灾事故认定复核卷。

另外，公安机关消防机构在办理失火案、消防责任事故案时还需要建立消防刑事档案。

（一）火灾事故简易调查卷

适用简易调查程序调查的火灾事故需要建立火灾事故简易调查卷。火灾

事故简易调查卷可以每起火灾为单位，以报警时间为序，按季度或年度立卷，集中归档。

火灾事故简易调查卷归档内容及装订顺序分为以下几个方面。

①卷内文件目录。

②火灾事故简易调查认定书。

③现场调查材料。

④其他有关材料。

⑤备考表。

（二）火灾事故调查卷

适用一般程序调查的火灾事故应建立火灾事故调查卷。火灾事故调查卷归档内容及装订顺序分为以下几个方面。

①卷内文件目录。②火灾事故认定书及审

表。

③火灾报警记录。

④询问笔录、证人证言。

⑤传唤证及审批表。

⑥火灾现场勘验笔录。

⑦火灾现场图、现场照片或录像。

⑧火灾痕迹物品提取清单，物证照片。

⑨鉴定、检验意见，专家意见。

⑩现场实验报告、照片或录像。

⑪火灾损失统计表、火灾直接财产损失申报统计表。

⑫文书送达回执。

⑬其他有关材料。

⑭备考表。

其中，现场照片要进行筛选，按照环境勘验、初步勘验、细项勘验、专项勘验的顺序进行粘贴，与勘验笔录相互印证，互相补充。

（三）火灾事故认定复核卷

火灾事故经复核的，复核机关应当建立火灾事故认定复核卷。火灾事故认定复核卷归档内容及装订顺序分为以下几个方面。

①卷内文件目录。

②火灾事故认定复核结论书及审批表。

③火灾事故认定复核申请材料及收取凭证。

④火灾事故认定复核申请受理通知书。

⑤火灾事故认定复核调卷通知书。

⑥原火灾事故调查材料复印件。

⑦火灾事故认定复核的询问笔录、证人证言、现场勘验笔录、现场图、照片等。

⑧文书送达回执。

⑨其他有关材料。

⑩备考表。

（四）消防刑事档案

消防刑事案件侦查终结后，应当将全部案卷材料加以整理装订立卷。案卷分为诉讼卷（正卷）、秘密侦查卷（绝密卷）和侦查工作卷（副卷）。对于人民检察院退回补充侦查的案件，在补充侦查完毕后，可另设补充侦查卷。诉讼卷的分册编号排列顺序为诉讼文书卷在前，一册装订不下，分册装订；证据卷在后，一册装订不下，亦分册装订。全案卷宗顺序依次排列编号。

诉讼卷（正卷）是移送同级人民检察院审查决定起诉的诉讼案卷。案件侦查中各种法律文书，获取的证据及其他诉讼文书材料都订入此卷。为便于辩护律师及经人民检察院认可的其他辩护人查阅、摘抄、复制本案的诉讼文书、技术性鉴定材料，又将“诉讼文书、技术性鉴定材料”专门装订成册，称诉讼文书卷。其他法律文书和证据另行成册，称证据卷。

参考文献

[1]王文杰.建筑火灾事故原因认定法律实务[M].北京:中国建材工业出版社,2021.03.

[2]王天瑞,鲁志宝.火灾调查科学与技术 2020[M].天津:天津大学出版社有限责任公司,2021.03.

[3]王彦斌.火灾调查与常见问题辨析[M].长春:吉林科学技术出版社,2022.08.

[4]陈铎淇,李莉,田宝新.消防监督管理理论与实务研究[M].天津:天津科学技术出版社,2022.06.

[5]李玉,李伟东,张晓明.油罐火灾控制技术及案例分析[M].北京:化学工业出版社,2021.03.

[6]张建军,李学军.火灾事故调查典型案例研究[M].北京/西安:世界图书出版公司,2020.

[7]崔蔚主.火灾中金属熔痕的金相组织图谱辨析[M].南京:河海大学出版社,2020.01.

[8]李惠菁.火灾事故调查实用手册[M].上海:上海科技教育出版社,2018.04.

[9]张茜;孙旭.火灾事故调查[M].徐州:中国矿业大学出版社,2017.09.

[10]刘暄亚.火灾成因调查技术与方法[M].天津:天津大学出版社,2017.05.

[11]金静作.放火火灾调查[M].北京:化学工业出版社,2021.03.

[12]宋波.火灾调查技术 2019[M].天津:天津大学出版社,2020.01.

[13]李阳译.火灾调查员:《火灾和爆炸调查指南》和《火灾调查员职业资格认证标准》的原则与实践[M].北京:中国人事出版社,2020.

[14]张金专.中国人民警察大学统编教材专项火灾调查[M].北京:中国人民公安大学出版社,2019.10.

[15]阎卫东．火灾应激与心理危机干预[M]．成都：西南交通大学出版社，2017.10.

[16]王家媛．火灾调查中痕迹的运用[J]．消防界(电子版)，2021，(第19期)：54－55.

[17]吴胜．火灾调查工作的问题与对策[J]．消防界(电子版)，2021，(第22期)：54－55.

[18]程永昕．浅谈火灾调查物证的提取[J]．中国应急管理科学，2021，(第2期).

[19]段庆年．电动自行车火灾调查探讨[J]．消防界(电子版)，2021，(第23期)：49－50.

[20]吕城．火灾调查取证的难点及对策[J]．消防界(电子版)，2021，(第21期)：43，45.

[21]施俊．火灾调查取证的难点及对策[J]．消防界(电子版)，2021，(第8期)：71，73.

[22]冯昊．铁路火灾的调查现状及对策[J]．消防界(电子版)，2021，(第6期)：65，67.

[23]干加浩．如何防范火灾调查中的物证损坏[J]．消防界(电子版)，2022，(第2期)：56－57.

[24]谷昀宾．火灾调查中物证损坏的原因与防范[J]．今日消防，2022，(第9期)：99－101.

[25]王勇．火灾调查取证的难点及解决策略分析[J]．农村青年，2022，(第11期)：211－213.

[26]蒋园．基层火灾调查工作的现状分析及对策[J]．消防界(电子版)，2022，(第23期)：55－57.

[27]王安德．电动自行车火灾调查工作研究[J]．消防界(电子版)，2022，(第11期)：53－55.

[28]罗安．彩钢板建筑火灾调查的难点及其他[J]．水上消防，2022，(第3期)：30－33.

[29]刘彬．火灾调查取证的难点问题及相关对策[J]．中国科技投资，2022，(第28期)：152－154.

[30]庞绘国.当前基层火灾调查面临的问题及对策[J].警戒线,2022,(第1期):121－123.

[31]赵煜.火灾调查中热分析技术的应用[J].中国科技纵横,2022,(第11期):166－168.

[32]王明国.火灾调查中痕迹的运用研究[J].消防界(电子版),2022,(第4期):47－48.